畜牧技术推广员推荐精品书系

# 柴鸡有机饲养技术经验集

杨玉梅　编著

中国农业出版社

# 内 容 简 介

　　《柴鸡有机饲养技术经验集》一书主要介绍了柴鸡的有机养殖过程中饲养管理的方法，为养殖有机柴鸡专业户和单位掌握我国对养殖有机柴鸡的规定、树立养殖信心、科学饲养有机柴鸡、提高养殖成功率、节约开支、增加经济效益提供指导作用。

　　此书同时可使读者增加对有机食品、绿色食品的认知，使食品消费者了解食用有机食品的目的和对人体健康的意义，即选择，放心食用！

# 作者简介

　　杨玉梅，1980 年 8 月生，山东省菏泽市成武县人，中共党员。2002 年毕业于山东省滨州农业学校畜牧兽医系。并于山东省滨州市高科技示范园管委会工作，主管动物饲养。2009 年于青岛农业大学进修，2010 年至今就职于山东省滨州市农业科学院，任滨州市农业科技信息中心副主任，主要从事国家有机产品现场检查审核工作。兽医师，国家注册有机产品认证检查员、国家注册良好农业规范认证实习检查员。

　　先后承担"中华宫廷黄鸡保种与繁育技术研究""农产品安全管理体系，各类生产组织的要求"等科研课题 5 项，荣获中国商业联合会科技进步奖、山东省情报科技进步奖、滨州市科技进步奖等奖项。在核心期刊发表《浅谈临床兽医逻辑思维能力的培养》《蛋鸡饲料添加中草药抗热应激的实验》《磺胺喹噁啉对雏鸡生产性能及免疫器官影响的实验》《猪链球菌病的诊断与防治》《奶牛围产期的饲养与管理》《苜蓿饲草的合理收获与利用》等论文。

# 自 序

近十年来，笔者亲身进行柴鸡及中华宫廷黄鸡的有机饲养管理，在防病治病时多采用中兽医防病治病的方法，积累了丰富的经验，在实践中体会到用中兽药防病治病的疗效很好，而且中兽药不易产生过度应激和副作用，对柴鸡的生长发育、繁殖等生产性能的发挥产生良好效果。

笔者自2013年注册为国家有机产品注册检查员，一直从事有机产品认证审核工作，有幸在国内审核很多生产有机产品的畜禽养殖企业。在工作中发现很多企业没有有机畜禽饲养的经验，出现了很多失误，导致饲养管理不当，走了不该走的弯路，造成了经济损失。鉴于此，为了使生产有机产品的畜禽养殖企业能够按《GB/T 19630—2011 有机产品》开展有机畜禽的饲养管理、生产合格的有机畜禽产品，结合自身经验，编写了这本《柴鸡有机饲养技术经验集》，以提供较规范的有机柴鸡养殖程序，帮助读者搞好生产管理，获得较高的经济效益。由于笔者能力有限，本书难免存在一些疏漏及不足之处，敬请读者提出宝贵意见。

在本书编写过程中，得到了中华宫廷黄鸡育种保种人张国增老师、滨州职业学院生物工程系教授张贞和老师、滨州职业学院生物工程系食品加工专业副教授成晓霞老师及家人的鼓励和支持，在此表示衷心的感谢！

杨玉梅

完稿于山东省滨州市农业科学院

二〇一四年国庆

# 目 录
## Contents

自序

# 第一章

## 发展有机柴鸡的目的与意义

## 第一节　什么是有机柴鸡

所谓柴鸡是指人们普遍认同的地方优良品种鸡种，用传统的舍饲、放养相结合的饲养方法培育出的肉蛋兼用鸡，这些鸡统称为柴鸡，柴鸡是商品名称。目前，我国地方优良品种很多，颜色不等，有红、黑、黄、白、麻，这些鸡种的特点是生长速度慢，消化粗纤维的能力比标准鸡强，适应性广泛，体质健壮，抗病力强，因此，人们多以这些鸡种生产有机鸡。

### 一、有机及有机食品的含义

从物质的化学、成分来分析，所有食品都是由含碳水化合物组成的有机物质，都是有机的食品，没有非有机的食品，因此，从化学成分的角度，把食品称作"有机食品"的说法是没有意义的。因此，这里所说的"有机"不是化学上的概念——分子中含碳元素，而是指采取一种有机的生产和加工方式。有机食品是指按照这种方式生产和加工的；产品符合国际或国家有机食品要求和标准；并通过国家有机食品认证机构认证的一切农副产品及其加工品，包括粮食、食用油、菌类、蔬菜、水果、瓜果、干果、奶制品、禽畜产品、蜂蜜、水产品、调料等。

有机食品（Organic food）也称生态或生物食品等。其标志见图1-1。

有机食品的主要特点是来自于生态良好的有机农业生产体

系。有机食品的生产和加工，不使用化学农药、化肥、化学防腐剂等合成物质，也不用基因工程生物及其产物，因此，有机食品是一类真正来自于自然，富含人类需要的营养物质，高品质和安全环保的生态食品。

C: 100M0 Y: 100K0
C: 0M C0 Y: 100K0

图1-1　中国有机产品标志

### 二、有机柴鸡的含义

有机柴鸡是指柴鸡生长环境尊重了动物福利标准，饲料来源于有机种植业，并通过第三方认证机构进行认证，并有证书和标志。

# 第二节　有机肉蛋与人体健康的关系

由于有机食品的生产过程不使用化学合成物质，因此，有机食品中污染物质的含量一般要比普通食品低。

有机柴鸡营养丰富、品质高和安全环保，对人体尤其是青少年生长发育、智力增长和成人健康非常有利。

# 第三节　发展有机食品的展望

近十年来，随着全球对有机农业的认可，以及消费者对有机食品需求的增加，有机食品的市场份额上升较快，特别是欧洲一些国家，如德国、奥地利、丹麦等，市场份额达到了2%～3%，预计在今后十年时间有望达到10%～15%的份额。

### 一、中国有机食品尚处起步阶段，潜力巨大

目前，中国的有机食品无论是规模还是发展速度还很慢，总体上还处在起步阶段。从市场份额看，目前国内有机食品的市场

份额还很低，现有认证的有机产品都是面向国际市场的。我国改革开放以后，人民生活水平逐渐提高，现在已由吃饱、吃好转向吃得营养、吃得健康转变，因此，人们追求有机食品是一个大的趋势。生产有机食品，将逐渐满足人们的需求。综合分析国外发达国家的需求趋势以及未来国内市场的逐步成长，中国有机食品无疑有着广泛的市场前景。

## 二、国际环境提供市场机遇

从国际需求市场看，有机食品目前已成为发达国家的消费主流，但它们的有机食品基本上靠进口，德国、荷兰、英国、美国每年进口的有机食品分别占有机食品消费总量的 60％、60％、70％和 80％。有机食品正成为发展中国家向发达国家出口的主要产品之一。国际上对我国有机产品的需求越来越大，我国有机食品的发展在国际市场有十分巨大的潜力，大豆、稻米、花生、蔬菜、畜禽肉蛋奶、茶叶、干果类、蜂蜜，以及绿色药品如中草药、生物药品，绿色纺织品如丝绸等颇受外商欢迎。现阶段我国有机农产品的生产还远远不能满足国外市场的需求。

## 三、传统农业历史悠久

我国有着历史悠久的传统农业，在精耕细作、用养结合、地力常新、农牧结合等方面都积累了丰富的经验，这也是有机农业的精髓。有机农业是在传统农业的基础上依靠现代科学知识，在生物学、解剖生理学、生态学、土壤学等科学理论指导下对传统农业反思后的新的运用。

## 四、地域优势提供各种生产条件

中国有其气候地域优势，农业生态景观和生物进化多样，生产条件各不相同。尽管中国农业主体仍是常规农业依赖于大量化学品，但仍有许多地方，多集中在偏远山区，人们很少或完全不用化学品，这也为有机农业的发展提供了有利的发展基础。

## 五、中国拥有庞大的农村劳动力

有机农业是劳动力集约型的一种产业,我国农村劳动力众多,这有利于有机食品发展,同时也可以解决大批农村劳动力。

总之,有机食品在我国具有非常广阔的发展前景,无疑有机柴鸡的发展,也具有非常好的市场前景。

# 第二章

# 发展有机柴鸡需要具备的条件

有机柴鸡饲养的重点是饲养场选址是否符合养殖的要求；其次是柴鸡舍是否符合动物福利要求；其三是饲养场的运动场与场外的放牧场是否与饲养的柴鸡数量相适应以及同类场相隔距离。

## 第一节 场地与设施的选择

有机柴鸡饲养场选址原则：由于饲养场每天都有大量的饲料、粪便和产品（鸡蛋）的进出。因此，有机柴鸡饲养场选址应靠近饲料生产基地，交通便利的地方。但要远离交通主干道、工厂、村庄、居民点，以及垃圾场和传染病医院、化工厂和其他养殖场等地区。有机柴鸡养殖场栏舍宜建在上风口的地势高燥处，鸡舍应背风向阳、空气流通、土质坚实或沙壤土地面，地下水位一般要求在 2 米以下。

有机柴鸡养殖场建在自有饲料生产基地和合约饲料生产基地附近，这一点对有机柴鸡养殖场格外重要。有机农业强调发展自我循环经济，要求饲料自给，尤其是饲用量大的青绿多汁饲料，如果养殖场邻近饲料生产基地，则可以节约运输费用，并对保证饲料质量有利。

养殖密度对生产有机柴鸡至关重要。目前欧盟国家等对动物的饲养密度有明确规定，我国暂时还没有这方面的详细规定。但饲养企业应该根据动物的行为习性，为动物提供尽可能充足的饲养和活动面积（具体可参考《GB/T 19630—2011 有机产品》）。

柴鸡体温高、群居性强、有啄头行为、生长快、成熟早，因此，应根据不同日龄和体重逐渐调整养殖密度。

## 一、蛋用柴鸡舍建筑

蛋用柴鸡舍建筑可分为封闭型、半封闭型、开放型和简易棚舍四种类型。

**1. 封闭型** 又称无窗鸡舍，采用人工光照、机械通风和机械清粪。此类鸡舍饲养有机柴鸡，仅能用于育雏。

**2. 半封闭型** 以自然通风、自然光照为主，鸡舍四周为砖墙等围护结构，南北两面设有窗户，通风和光照均靠窗户。

**3. 开放型** 这种鸡舍四周敞开，主要用于下雨时遮雨，舍外有运动场，柴鸡的活动量大，并能得到阳光的照射和新鲜空气，柴鸡的抗病力较强。此种鸡舍适宜南方。

**4. 简易棚舍** 常见的有南方的拱形棚舍和北方的塑料大棚形鸡舍。

以上四种鸡舍中，封闭式鸡舍只允许在育雏时使用，禁止柴鸡饲养全过程使用。对其他三种鸡舍必须注意的是，饲养密度、单位栖木长度、单位料槽和水槽，以及单位进出口等，应适宜。同时，还要有与之相适应的放牧场或运动场。

## 二、蛋用柴鸡饲养方式

**1. 地面平养** 是将柴鸡饲养在地面上铺有 10 厘米或 20 厘米厚的垫草（锯末、谷壳、稻草、麦秸）的鸡舍内；适用于养雏鸡和蛋用柴鸡。

**2. 网上平养** 是将柴鸡饲养在用木条、竹条、塑料网板或铁网高架铺设的饲养面上。竹木条或网板离地面一般为 60～70 厘米。

**3. 立体笼养** 常见的有 3～4 层的重叠式育雏笼、青年柴鸡培育笼和蛋用柴鸡笼。

以上三种饲养方式，有机农业提倡地面平养、禁止笼养。网上平养在育雏阶段是允许的。

# 第二节　防疫与免疫

有机柴鸡养殖的所有措施都旨在保证柴鸡的生理健康和心理健康，提高柴鸡的特异性和非特异性免疫力，防止柴鸡疾病发生，减少柴鸡淘汰和死亡。

## 一、柴鸡疾病防治原则

有机农业认为，动物通过提高自身防御系统以抵御疾病的能力将作为有机农业探讨家禽健康的出发点。这种提高自身防御系统以抵御疾病的能力我们称为动物的抵抗力或抗病力，包括基于抗体、淋巴细胞的特异性免疫，以及基于遗传特性的非特异性免疫。

要提高柴鸡的自身免疫力，应该选择抗病的并适合当地气候与环境特点的品种；采用能满足柴鸡生物学和生态学特性的饲养方式；提供适合柴鸡的生活环境，并按每个品种生理特性饲养，增强柴鸡本身抗病能力；提高饲料质量；保证柴鸡适宜的运动量；保持合适的饲养密度，避免任何影响柴鸡健康的问题。

免疫力或抵抗力的程度与多种因素有关，如应激和激素的相互影响，引起免疫力下降时，病原较容易侵入鸡体繁殖。另外，预防接种、接触抗原、兽药和驱虫剂残留、污染的空气、营养不良、应激、禽舍和天气变化等，都可能对柴鸡健康和免疫力造成负面影响。

避免使用预防性药物是有机饲养管理的重要原则，因为使用预防性抗生素，可能会造成柴鸡体内正常微生物之间平衡紊乱，因此，在有机农场，应尽可能减少或避免使用预防性化学药物。

如果柴鸡因患病痛苦甚至面临死亡，其他方法又无法挽救时，允许使用化学药物或中成药。当使用常规药物时，其标准计量的停服药期不能超过制造厂商推荐的时间；但治疗过的柴鸡不能作为有机柴鸡出售。

动物的福利是有机农业首先要考虑的问题,经济上的考虑在任何时候都不能代替挽救患病或生命受到威胁的动物。在这方面有机农业是灵活的。然而,疾病必须被正确诊断,以保证治疗的有效,并防治疾病复发。为保证有机农业的完整性,必须坚持良好和有效的记录,清楚地标记治疗的患病动物。

## 二、疾病的预防与治疗

**1. 传染病的预防**　免疫接种是激发动物机体产生特异性抵抗力,使易感动物转化为不易感动物的一种手段。有计划地进行免疫接种,是预防和控制柴鸡传染病的重要措施之一。免疫接种可分为预防接种和紧急接种两类。

预防接种是在经常发生某些传染病的地区,或潜在有某些传染病的地区,或受到邻近地区某些传染病经常威胁的地区,为了防患于未然,在平时有计划地给健康柴鸡进行免疫接种,称为预防接种。

紧急接种是在发生传染病时,为了迅速控制扑灭疫病的流行,而对疫区和受威胁区尚未发病的柴鸡进行应急免疫接种。从理论上说,紧急接种以使用免疫血清较为安全有效,但实践中多使用疫苗进行紧急接种。

用于预防接种的生物制品统称为疫苗,包括细菌、支原体、衣原体、螺旋体制成的菌苗,用病毒制成的病毒苗,以及用细菌外毒素制成的类毒素。

如果柴鸡养殖场过去从未发生过某种传染病,也没有从别处传进来的可能,则没有必要进行传染病的预防接种。

免疫程序:一个柴鸡养殖场往往需要多种疫苗来预防不同的疫病,需要根据各种疫苗的免疫特性来合理地制订预防接种的次数和时间间隔,这就是免疫程序。

对疫苗的应用,有机农业有自己的看法。在很多农场,疫苗是常用的制剂。在有机管理条件下,仅允许在已知疫病存在的农场使用，正常情况下应避免疫苗的使用，因为认为疫苗能妨碍和抑制柴鸡自身免疫系统发展和表达方式。

在有机管理条件下，疫苗接种只有在养殖场中确有某种病原，且这种病原用其他方法无法清除的情况下才能使用。一般情况下，不赞同使用疫苗接种。接种既有好处也有坏处，预防接种的目的本是刺激柴鸡免疫应答并由此产生保护力，但疫苗也可能妨碍和抑制柴鸡自我免疫系统发展和表达方式。某些疫苗互相影响，有相反的作用，尤其是活苗。疫苗绝不是100％的有效，使用的另一个潜在危险是疫苗在贮存、运输和使用不当时，会造成很大的经济损失。

**2. 传染病的治疗**　特异性疗法是应用针对某种传染病的高免血清、卵黄抗体等特异性生物制品进行治疗，因为这些制品只对某种特定的传染病有效，而对其他病无效，故称特异性疗法。

高免血清主要是用于某些急性传染病的治疗，也可以用自然耐过柴鸡或人工免疫柴鸡的血清代替，都能起到较好的疗效。

**3. 普通病的治疗**　及时的诊断和治疗是保障柴鸡健康的基础。不管何时，柴鸡因患病痛苦或被寄生虫侵袭，在当地没有有效的办法来防止柴鸡不必要的痛苦时，或当有机生产方式不能恢复柴鸡的健康时，都要对患病柴鸡进行药物控制和治疗。

（1）中兽医疗法　中兽医是我国传统的兽医学，已经三千多年的历史。中兽医以阴阳五行、经络气血为理论，以整体观和辩证施治为核心，以天然物质（主要是植物）为基础，为我国历史上畜牧业的发展做出了贡献。

中兽医治疗柴鸡疾病，多以植物（也称本草）为主。按配伍原则由多种植物组成方剂，煎熬为药。中药讲究四性五味、升降沉浮和归经，以此决定药物的配伍原则。

中兽医除用天然药物治病外，还有针灸疗法。针是针刺、灸是艾灸，同样可以取得较好的疗效。中兽医在我国目前仍然广泛用于兽医临床，对柴鸡普通病有较好的疗效。

（2）顺势疗法 顺势疗法的定义是："此治疗系统在治疗疾病时，使用物质通常做最大的稀释，当给健康的个体这种物质时，会产生被治疗疾病的相同症状。"

稀释原料，理论是稀释倍数最大，药物的效力越大。另外，顺势疗法的部分药物制剂来自细菌或含有病原的机体分泌物。顺势疗法和疫苗接种两者不同的是：顺势疗法的药物不产生抗体。顺势疗法是功能整体性的治疗方法，是对整体有机体进行治疗，试图使机体的抵抗水平提高和激活机体的防御疾病的能力。

顺势疗法的优点是应用安全可靠的药物制剂，在每个病例中，药物都被仔细地调制，有活性成分的提取物都经过了适当稀释。然而，就是这种非常高倍数的稀释，导致一些科学家认为顺势疗法不能起作用，因为他们认为这样的稀释会导致药物组成成分浓度太低，以至于没有生物活性物质留下来。因此，顺势疗法至今仍很少人使用。

（3）对抗疗法和使用常规西兽药 有机农业强调保护家禽生命、减轻家禽病痛，因此，在采取中兽医疗法后仍然无法控制家禽疾病时，允许采用对抗疗法和使用常规西兽药治疗。当养殖场发生传染性疾病时，可针对性使用疫苗等。

采用对抗疗法和使用常规西兽药治疗有机柴鸡时，必须对鸡群进行可识别的标记，并详细记录病历。病历记录包括诊断结果、药品名、使用剂量、给药方式、给药时间、疗程、护理方法、停药期、治疗效果等。在治疗期间，柴鸡或其产品不能作为有机产品出售；柴鸡痊愈停药后，必须经过 2 个停药期，该柴鸡或其产品才能作为有机产品出售。

为了保全患病柴鸡的生命，有机农业虽然允许使用常规西兽药，但并不是无条件、无限制的。对饲养不足一年的柴鸡，规定只允许接受 1 个疗程的常规西兽药治疗；饲养超过一年的，每年最多接受 3 个疗程的常规西兽药治疗。

# 第三节 人工素质的培训

## 一、培训对象

从事有机柴鸡养殖的管理人员、养殖人员、技术人员等相关人员。

## 二、培训目标

通过培训，使已经从事或准备从事有机养殖的工作人员，能够掌握有机柴鸡养殖的专业知识和操作技能，特别是掌握其中涉及的有机柴鸡的繁育、营养、饲养管理、疾病防治、废弃物处理及鸡场布局等相关知识和技能，着力提高对有机柴鸡养殖的实际操作技能，培养一批懂技术、能示范的有机养殖专业化技术人员。

## 三、培训内容

（1）《GB/T 19630—2011 有机产品》及相关的法律、法规要求。

（2）有机柴鸡的特性。

（3）有机柴鸡的繁育。

（4）有机柴鸡的营养与饲料。

（5）有机柴鸡的饲养管理。

（6）有机柴鸡的疾病防治。

（7）鸡场废弃物处理与控制。

（8）鸡场建筑与设备。

## 四、知识与技能要求

**1.** 熟悉并掌握《GB/T 19630—2011 有机产品》的要求；了解国家有关法律、法规及相关要求。

**2. 有机柴鸡的特性**

（1）了解有机柴鸡防疫历史与现状。

（2）掌握有机柴鸡的外貌特征、生理特点及生物学特性。

**3. 有机柴鸡的繁育**

（1）了解有机柴鸡的选种与选配的基本方法及程序。

（2）掌握有机柴鸡的人工授精技术。

（3）掌握有机柴鸡蛋孵化技术。

**4. 有机柴鸡的营养与饲料**

（1）了解有机柴鸡的营养需要与饲养标准。

（2）了解有机柴鸡常用饲料。

（3）熟悉并掌握有机柴鸡饲料配方与加工调制技术。

（4）掌握青绿饲料的生产与青贮技术。

**5. 有机柴鸡的饲养管理**

掌握有机柴鸡的饲养管理措施。

**6. 有机柴鸡的疾病防治**

（1）掌握柴鸡传染病的防治技术。

（2）了解有机柴鸡常见寄生虫疾病的防治技术。

（3）了解有机柴鸡常见普通病综合防治措施。

（4）熟悉并掌握养殖场疾病综合防治措施。

**7. 养殖场废弃物处理与控制**

（1）掌握有机柴鸡粪便的处理与利用技术。

（2）掌握有机柴鸡尸体的无害化处理技术。

**8. 有机养殖鸡场建筑与设备**

（1）掌握有机养殖场场址的选择与布局原则。

（2）了解有机柴鸡鸡舍建筑设计及养殖设备。

# 第四节　饲料与饲料添加剂的选择

饲料是有机柴鸡生长繁殖的物质基础，合理的日粮搭配是有机柴鸡健康生长的保证。因此，要想获得有机柴鸡养殖的成功，首先考虑的就是饲料的供给问题，只有具备了一定的饲料种类和足够的饲料数量才能保证有机柴鸡养殖的成功。

## 一、饲料和饲料添加剂的基本概念

在讲述有机柴鸡养殖之前，首先了解几个基本概念。

饲料是指能为柴鸡提供营养物质或能用于饲喂柴鸡的物质的通称。饲料是柴鸡赖以生存和生产的物质基础。

饲料添加剂是指为便于营养物质的消化吸收，改善饲料品质，促进柴鸡生产和繁殖，保障柴鸡健康而掺入饲料中的少量或微量物质。饲料添加剂是现代畜牧业的基础之一。

我国现行的饲料分类和编码系统将饲料分为八大类，选用七位数字编码，其首位数（1～8）分别对应国际分类和编码系统将饲料分为八大类，即粗饲料、青绿饲料、青贮饲料、能量饲料、蛋白质补充料、矿物质饲料、维生素饲料、饲料添加剂八大类。第二、三位编码按饲料的来源、形态和生产加工方法等属性，划分为十六种，同种饲料的个体编码则占最末四位数。

日粮是指柴鸡每天（一昼夜）的饲料供应量。日粮所含营养物质的数量和质量，应能满足柴鸡健康生长和生产的需要；体积、适口性和消化性也要合乎柴鸡的生理特点。

日粮中各种营养物质的种类、数量及其相互比例都能满足柴鸡营养需要的日粮，称为平衡日粮或全价日粮。

日粮配合是根据饲养标准规定的各种营养物质的需要量，选用适当的饲料和饲料添加剂，为各种不同生理阶段和生产水平的柴鸡组成各种类型日粮的工作。

饲料标准就是动物营养需要量，是指柴鸡在不同体重、不同生理状态和生产水平条件下，每只每天应给予的能量和各种营养物质的数量，是指导柴鸡饲养的基本标准。饲料标准是柴鸡生产中饲料供给、饲料配方、全价饲料及对标准化饲养的指南和依据。

## 二、对有机饲料与饲料添加剂的要求

有机饲料源于有机种植和自然生长的作物和牧草。有机种植的饲用作物应符合有机农业种植要求；自然生长的牧草必须来自于有机管理体系或经认证机构许可。

有机养殖首先应以改善饲养环境、善待动物、加强饲养管理为主，按照饲养标准配制日粮。饲料选择以新鲜、优质、无污染为原则。饲料配制应做到营养全面，各营养元素间相互平衡。所使用的饲料和饲料添加剂必须符合有机标准要求。所用饲料添加剂和添加剂预混料必须具有生产批准文号，其生产企业必须有生产许可证。进口饲料和饲料添加必须具有进口许可证。

一般情况下，有机生产中柴鸡饲料应尽量满足以下条件：

（1）饲料应满足柴鸡生长各阶段的营养需求，饲料应保证质量，而不是追求最大产量；饲养的过程中，柴鸡自由采食，禁止强行喂饲。

（2）最好使用自己单位的饲料，如果不可能时，可使用其他遵守有机养殖规定的单位或企业生产的饲料。

（3）有机标准通常允许有限数量常规饲料的使用，即在饲料的组成中，可使用一定量的转换期饲料，因为绝大多数养殖场没有100%的自给自足能力。在有机养殖中，应将适用于有机生产的饲料与常规饲料严格区别。

（4）禁止柴鸡养殖中以刺激生长为目的使用抗生素、杀菌剂、化学药物、生长调节剂等物质。

（5）任何使用转基因生物及其衍生物生产的饲料、合成饲料、饲料加工剂和动物营养物质都是被禁止使用的。

饲料的质量对柴鸡健康的重要性不可忽视。虽然放牧柴鸡通过采食草本植物能满足对矿物质的需要，但在日粮中添加微量元素和维生素是十分必要的。有机养殖生产中，维持柴鸡营养平衡最重要的原则是要适应柴鸡的生理特点。如果不按柴鸡的生理特点进行饲喂，轻则会导致柴鸡对疾病的易感性增加，有的甚至引起公共卫生事件，对人类健康造成威胁。

在配合日粮时，饲料和饲料添加剂中能量和蛋白质平衡非常重要。在配制日粮时，通常通过增加或减少蛋白质的百分比来达到日粮的定额水平。如果日粮以高蛋白饲料（如红三叶草和苜蓿）为基础，那么要通过增加秸秆或干草来保证充足的能量，以便平衡过量蛋白。

单一饲料原料营养不平衡，不能满足柴鸡的营养需要，饲养效果较差。因此，将各种饲料进行合理搭配，充分发挥各种单一饲料的优点，弥补不足，是柴鸡日粮配合的基础。

我国有机农业起步较晚，有机柴鸡养殖更是刚刚开始，柴鸡生产性能、繁育性能发挥所需的饲料是影响有机柴鸡发展的瓶颈，这不但体现在饲料的数量上，更体现在饲料的质量上。单一饲料无法满足柴鸡的营养需要，即使有再多数量的单一饲料供应也难以获得满意的饲料报酬率。因此，多种类的饲料储备是有机柴鸡养殖成功的关键。有了多种类、足数量的有机饲料，我们就可以根据种类、品种、目标、年龄、生长生育阶段等，进行日粮配合，以满足不同的饲养目标的需要。那种只使用单一饲料的有机饲养系统，难以获得较好的经济效益，也不是有机农业追求的目标。

有机柴鸡养殖场，必须要有自己的饲料生产基地，或在本地区有合约的饲料生产基地。基地的生产量应满足有机柴鸡50%以上的饲料供应量。也就是说，自有生产基地和合约生产基地与柴鸡养殖量成正比关系。如果一个有机养殖场打算饲养一定量的柴鸡，必须有与之相适应的饲料生产基地，才能保证有机养殖饲料的供应，也有利于有机管理体系对有机养殖的控制。

但经验表明，有机柴鸡养殖所需配合日粮的各种饲料原料很难在自有的生产基地或合约的饲料生产基地全部自给，尤其是在有机养殖业发展初期。因此，有机柴鸡养殖场可外购少量的常规饲料，以满足柴鸡均衡营养的需要。但常规饲料不能超过全年饲料总量的15%；同时，日粮中常规饲料的比例不能超过25%。

以上限量是日常饲料中必须遵守的，只有在特殊情况下，如为了度过暂时的自然灾害或人为事故造成的饲料短缺，才允许突破上述底限，否则不允许。

另外，柴鸡有消化粗饲料的能力，因此，也可考虑在其日粮添加一部分粗饲料、青绿饲料或菜叶类青贮饲料，以充分利用资源和满足柴鸡生理习性。

需要指出的是，自由放牧柴鸡或有足够的时间和空间自由运动的柴鸡多能进行自我调节，一般较少发生维生素或矿物质缺乏。

## 三、有机日粮配合

为了提高饲料利用率、保障有机柴鸡机体健康，提倡科学配制日粮，充分利用养殖场自有的饲料资源、结合有机农业允许使用的天然物质和许可的物质，根据柴鸡的不同品种、年龄和饲养目标，按照其营养标准，科学配制日粮。

当柴鸡需要大量蛋白质时，并且饲喂豆粕、牧草和谷物不能满足需要时，可选择脱皮燕麦（15％以上的蛋白质）、炒制后豌豆、大豆、亚麻和葵花籽等。一些作物如亚麻和豆类含有抗营养物质，如单宁、植物碱，因此，这些作物需限制使用。例如，产蛋鸡日粮中亚麻含量不能超过10％。通过增加饲料作物和牧草的多样性，可以提高饲料中必需微量元素含量和营养消化利用率，促进鸡体健康。一般情况下，维生素和微量元素通过补饲供给。

有机日粮配合与现代日粮配合一样，常用的有试差法、四角法、联立方程法和电脑软件法。

一般说来，有机饲料原料（配料）的选择是有限的，尤其是目前我国有机柴鸡养殖初期。但是有机农业允许使用的饲料添加剂的种类还是多种多样的，如天然矿物质添加剂、天然维生素添加剂等，尤其是中草药添加剂是我国特有的，弥补了许多天然饲料添加剂的不足。

需要注意的是，我国的有机饲料和有机饲料添加剂的研究刚刚起步，大多是借鉴其他养殖体系的标准和经验，并不完全符合有机农业的理念、标准和技术规范，与有机农业养殖要求有很大的差距。因此，我们在有机柴鸡养殖实践中要十分注意。

在传统的饲养方式中，大多数饲料需要购买。养殖场（户）经常面临饲料供应不足或价格太高等一系列问题。为使有机养殖业向经济、环境优化、合理的方向发展，一些养殖户自己种植牧草。

一些特殊的添加剂可以来自非有机农场，其中包括食盐、硒、海藻和青贮饲料保存剂（如细菌和酶）等。有机养殖生产虽然允许使用一部分非有机饲料，但基因工程生产的作物不符合有机生产的原理，因此，有机农业禁止使用基因工程产品。

日粮的储藏管理方式会影响其中矿物质的含量。如果了解本农场种植的饲料作物缺乏的矿物质或土壤缺乏的矿物质（如铜或硒），就要在饲料中补充矿物质或调整土壤缺乏的矿物质。同时，还要处理涉及其他问题的原因（例如，污水污染或其他因素影响了土壤营养）。

添加到日粮中的矿物质和维生素应源于自然，海藻粗粉含有丰富的矿物质和微量元素，贝壳粉、鱼肝油和酵母也是如此。如果如此添加还不能调整矿物质或维生素缺乏问题，就需要添加单一的矿物质盐，或补充单一的维生素。并且矿物质之间的适度平衡是重要的，因为个别物质过剩或相对比例失衡（如钾和钠、钙和磷都能相互影响或利用）都会影响柴鸡健康。

生长促进剂包括激素、抗生素、药物添加剂和其他化学添加剂，以及非蛋白氮等，这些都是被有机农业禁止使用的。

# 第五节　引进鸡的选择方法

优良的有机柴鸡品种除了有较快的生长速度外，还应对疾病有较强抵抗能力。我们应尽量选择适应当地自然环境，抗逆性强，并且在当地可获得足够的生产原料的优良柴鸡品种。购入种鸡应经过检验和消毒。

有机柴鸡养殖中提倡基因多样性，禁止纯种繁育，倡导杂交繁育。追求纯化会导致一些品种的消失，使特殊疾病的危险达到流行病程度。

引进鸡的品种生产有机鸡要注意以下几个方面的问题：

## 一、引进地域和气候

每个品种是在一种温度、湿度及当地饲料原料条件下进行培育、进化而成的，各个品种均有其独特性，尤其是食性的独特性。因此，引种时应了解引种地域条件和我们当地环境是否相符？在饲养管理中怎样创造与引进地域环境和条件接近的饲养方法，然后再与我们当地管理方法靠近。例如，北方由南方引进鸡种，由于南方气温高、湿度大，如果未给鸡群创造这两个条件，在北方干燥的气候条件下鸡容易患呼吸道病，反之，如果北方鸡种引到南方，南方夏季雨多，气压低，鸡则容易患血液循环不良引起的疾病。

## 二、掌握引进鸡种的生理特点和生产性能

每个鸡种长期在一个生态条件下进化，一般具有其个性。比如长期舍饲的鸡已形成舍饲的生活习惯，开始放养后，胆小，容易惊群，采食量减少，体质变弱，容易发病；如一个品种长期放养，则消化粗纤维能力较强，突然舍饲也会造成应激，容易发病。鸡品种不同，再加上各地日照时间不等，造成生长发育同样有差异。每个地方品种开始产蛋时间都不相同，每个品种的体型（体重）不等，所以产蛋量、蛋重也不同。因此，应了解每个鸡种出生重、8周龄体重、12周龄体重、产蛋5%时的体重，还要了解开产时间，一年内产蛋量和蛋重，并且要了解食性、饮水方式等。

## 三、了解鸡的防疫历史

了解防疫历史，是为了引进后制订防疫措施做准备。如果引进地区的种鸡接种过多种疫苗预防传染病，养殖场引入后必须注射同等种类、同剂量疫苗，否则易造成传染病的暴发。有些鸡种

具有地方病，比如北方鸡种常易患呼吸道病，引进到南方后，受当地自然环境的影响，有可能消失，也有可能表现为隐性感染；南方温度高、湿度大，鸡易患球虫病、大肠杆菌病、沙门氏菌病，北方引入后应注意。

## 四、了解引进鸡种的饲养方式

在引进鸡种时，特别是引进中雏和成鸡时，更有必要了解引进地的饲养方式，为了防止产生剧烈应激反应，到引入地后应先按原饲养方式饲养，等鸡群稳定、适应当地环境后，再按有机方式饲养。

要了解引进地饲料原料种类，为防止适口性改变影响食欲，一般引进后先按原饲料配方配制饲料进行饲喂，然后逐渐过渡到按当地饲料配方进行饲喂。

# 第三章

# 有机柴鸡的饲养管理技术

## 第一节　雏鸡饲养管理

### 育雏期的饲养管理

鸡蛋由孵化出壳到 6 周龄前人工饲养期称为育雏期。在这个时期的幼鸡称为雏鸡，饲养管理工作称为培育雏鸡，简称育雏。雏鸡生长好坏关系到鸡一生体质健康与否，是关系生产性能发挥好坏的重要阶段，一定要引起重视。

**1. 雏鸡生长发育的生理特点**　雏鸡体温 42℃，全身绒羽，抗寒能力差，怕冷。鸡胚在孵化期间，全部是通过种蛋供应营养，出壳后需靠外界供应营养，需要有一个适应过程，这样雏鸡消化能力必然受到影响，并且对饲料要求比较严格，营养一定要全面。雏鸡体质弱，敏感性强，胆小怕声，群居性强，因此，一旦有特殊的光、色和声音，就有惊群扎堆现象，有时挤压致死。另外，这个时期的雏鸡抵抗各种疾病的能力差，要特别注意按时防疫和做好消毒工作。一旦忽视，易引起雏群发病，造成经济损失。

掌握雏鸡的生理特点，目的是人为地创造适合它生理要求的小气候环境。

**2. 雏鸡的选择和运输**

（1）雏鸡的选择　种蛋品质的优劣，孵化温度、湿度掌握是否正确，种蛋采集入孵消毒是否适时适当，都会造成雏鸡的健弱不同。为提高育雏率，一定要对购买的雏鸡进行选择，否则会造成经济损失。为准确判断雏鸡是否健康，首先要检查雏鸡的亲本、代次和品系及杂交父母本亲系关系和杂交优势，并查出出壳时间和注射马立克疫苗的时间和剂量。其次是观察，雏鸡以21日龄准时出壳最为健康。健雏活泼、好动、声音洪亮、音长。手摸有硬感，卵黄很小，腹部脐腺不明显，羽毛有光泽并整洁。弱雏两眼无神，有的甚至不睁眼，站立不稳，用手触摸腹部有很大的卵黄硬块，脐腺明显发黑，甚至肛门黏附粪便，一般3天内死亡。

（2）运雏　现在运雏均采用硬纸雏盒，盒四周打孔透气。运输前运输车辆要用新洁尔灭或过氧乙酸等消毒剂严格消毒后再装车。装车后应立即启程，途中不要滞留。

**3. 育雏前的准备**　育雏前的准备工作，视育雏方式而定。雏鸡最好采用网上保温伞育雏。也可以采用其他方式进行育雏。育雏方式确定后，要做好以下准备工作：

（1）育雏舍　育雏舍视饲养量而定，一般平养每平方米可养雏鸡30～40只，育雏笼按说明而定。雏舍地面、顶棚、围墙要干净整洁，新舍最好，如是以前的养鸡舍进雏前要严格消毒。雏舍最好有窗户或换气扇，便于通风。

（2）温度设施　用暖气或电加热进行育雏最好，也可以采用煤炉取暖，但要注意通风，以防室内一氧化碳中毒。

（3）饮水饲料设备　育雏以采用真空饮水器和料盘为好。一般一个真空饮水器可供30～50只雏鸡使用。一般直径30厘米的塑料圆料盘，可供30～50只雏鸡使用。

（4）照明设备　光照用40瓦灯泡，每15米$^2$一个。

**4. 接雏前的准备工作**　进雏前2天将饮水器、料槽摆放好，装好取暖设备，安好照明灯，然后把育雏舍封闭，按照育雏舍面积用福尔马林和高锰酸钾进行熏蒸消毒。熏蒸24小时后打开所有的通气孔进行通风、换气，然后再对育雏舍进行升温。雏鸡入舍前，育雏舍内鸡背高10厘米处温度应达33.5～34℃，相对湿度以55%～70%比较适宜。准备好凉至40℃的5%的葡萄糖凉开水，以供应雏鸡饮用。

**5. 接雏工作** 接雏的第一件事是稳雏。工作人员要轻拿轻放，尽量避免雏鸡产生不良的应激反应。

第二件事情是饮水。待雏鸡稳定后，然后一只一只地诱导雏鸡饮水。教导雏鸡饮水的方法是左右两手各持一只雏鸡，手握雏鸡用食指按头向下，啄浸入饮水器中点一下，然后放到保温伞下。

第三件事是开食。开食不要过急，因为雏鸡体内仍存有卵黄营养，待雏鸡饮水后，雏鸡方可吸收其营养。待雏群全部饮水后，而且都已安定，再进行开食。开食可以撒干料粉，也可撒湿料粉。以湿料粉最佳，雏鸡容易消化吸收。注意观察雏鸡的采食情况，有不采食的雏鸡，可以人为地帮助雏鸡采食。

第四件事是育雏舍内温度情况。最适宜的温度是雏鸡呈散开形式，如果扎堆说明温度过低，如果都远离保温伞或其他取暖设施，或张嘴喘气，说明舍内温度过高。温度过低，则雏鸡吸收不好，易出现腹泻；温度过高，雏鸡易脱水，饮水过多，采食少，也容易造成死亡。为此，育雏期间，饲养员要密切观察雏鸡的动态，遇到情况，要及时采取应对措施。

**6. 育雏要点**

(1) **温度和湿度** 温度和湿度，尤其是温度，是育雏成败的关键。育雏温度通常指高于雏背 10 厘米处的温度，而不是指室温。一般育雏温度 1～3 天内保持 33～34℃，以 33.5℃最佳。由第 4 天开始每天可降 0.7℃，第二周保持 28～30℃即可。3 周后白天可以关闭保温伞，夜间使用。温暖和季节有直接的关系。冬季特别注意掌握温度，温度不可忽高忽低，温差超过 7℃，雏鸡死亡率可超过 5%。

(2) **饮水和喂料** 无论是传染病还是普通疾病主要经口，其次是鼻传播，因此，饮水和饲料卫生非常重要，应高度重视。在饮水中可加入 5%的葡萄糖。1 周内用白开水供雏鸡饮用。饮水器要充足并且保持随时有水可饮。饮水器每天洗刷干净，及时更换干净的水。育雏期间饲料应足量供应，少喂勤添，一天可以饲喂6次，每次尽量让鸡吃干净后再投喂。剩余的饲料，每天21：00～22：00清理一次，然后对料槽进行清洗消毒，以备下次使用。

（3）通风换气　随着雏鸡日龄的增加，体重也随之增加，鸡粪积累也越来越多，蒸发量大，氨气也越来越多，雏鸡呼吸量增加，呼出的二氧化碳也多。因此，一般2周后需要每天通风换气，尤其是冬季舍内生火取暖，舍内空气更浑浊，如不及时通风换气会影响雏鸡生长发育。对此，饲养员应注意观察，如果一进鸡舍就感到刺鼻刺眼，甚至流泪，则证明舍内的氨气、二氧化碳浓度已超标，对雏鸡危害很大，要立即通风。通风时注意掌握通风时间，掌握好舍内温度，风力过大或通风时间过长，致使舍内温度降低过快，容易引起雏鸡感冒。最好通风的同时，提高舍内温度，以防雏鸡感冒。

（4）光照　光照对雏鸡的饮水、采食和性成熟都有影响。光照过长则性成熟早，光照过短则产蛋晚，成熟过早过晚都影响雏鸡正常发育和生长性能的发挥。一般开放式鸡舍每年4月至9月20日前的雏鸡都采用自然光照，其他季节每天光照不到8小时的，早晚补到8小时。为方便饲养管理工作，也可只在晚上或只在早上补充光照。为便于观察，1～3日龄的雏鸡，只在夜间关灯1小时，让雏鸡适应环境。4～7日龄每天夜间减少2小时光照，以后每天减少1小时，到4周龄末每天8小时光照一直保持到14周龄末。

（5）更换垫料　有的育雏舍采用木刨花、锯末或稻草作为垫料。这些垫料要视情况经常更换，因为育雏舍气温高、湿度大，垫料易发霉或存留寄生虫虫卵。容易引起雏鸡发病。垫料湿后应立即更换，保持育雏舍干燥洁净。如网上育雏，则应将网上的粪便清理干净。育雏笼中的粪斗要每天清理。

# 第二节　种鸡育成鸡

种鸡育成鸡是指 7～20 周龄的鸡，鸡群在育成期主要完成骨骼、体重、输卵管及卵巢发育。这一时期鸡群需要较高的能量，以保证体重的增长而又不过肥和早熟，从而实现鸡群的高产、稳产，以发挥最佳生产性能。因此，鸡群育成期对于整个养殖过程至关重要。

为使育成鸡适时开产，避免过肥和早熟，防止其脂肪的沉积，且为后期控制体重做好准备，此阶段日粮的蛋白质水平不宜过高，含钙不宜过多。一般要求 7～14 周龄的日粮中粗蛋白含量为 16％；14～20 周龄粗蛋白含量为 12％～14％；随着日龄的增加，饲料的营养水平会逐步下降，主要增加粗纤维饲料，以此来控制体成熟、性成熟的同步，但维生素、矿物质、微量元素要满足饲养标准需要，尤其要保证骨骼发育，因此钙磷比例要合理，一般为（2.0～2.5）∶1。这个生长阶段，尤其注意有效磷不可缺乏。

## 育成期的饲养管理

此阶段的目标是为了达到体成熟和性成熟的同步，使鸡群在正常的开产日龄产蛋，以充分发挥鸡群的生产性能。应根据不同地方品种鸡的鸡群在育成期的生理和营养需求，明确育成期鸡群的管理要点。

**1. 育成期限制饲喂**　14～20 周龄为体重的限制期，限制饲喂可以控制鸡群的生长，控制性成熟。柴鸡在自由采食状态下，除夏季外都有过量采食的情况，这不仅会造成饲料的浪费，影响经济效益，还会促使机体积蓄脂肪，致使鸡体成熟过早，影响性成熟。

脂肪过多，易发脂肪肝，易产软蛋，容易脱肛，死亡率高，且容易导致性早熟，易出现小鸡产大蛋的情况，导致鸡难产、早衰、死亡。

**2. 体重与均匀度控制**　饲养时要随时抽测体重，根据抽测情况来决定，是否继续限饲或限饲多少，若鸡群体重低于标准体重 10％则增料 1％，反之亦然。限饲时应保证鸡有足够的采食空间，保证鸡采食的同步化，确保有 80％鸡群在采食，20％的鸡群能够饮到水。

限饲前应简单地分群，瘦弱鸡应单独饲喂，限饲时一定要注意饲料的全价营养。在限饲过程中，若有其他应激如接种、发病等，应恢复为自由采食。

限饲最好的方法是在饲料配方中减少玉米，增加麸皮、糠 5％～10％。

育成鸡体重与产蛋期体重、蛋重呈正相关，也影响开产日龄与产蛋率。良好的体重可保证鸡适时开产，且产蛋率高，否则，即使提前开产，也会导致如脱肛、输卵管炎等不良后果的发生。

根据实际生产情况统计正常体重鸡与非正常体重鸡数量，一般要求育成鸡的均匀度在 80％以上，若低于 70％，那么需对饲养管理进行改进。实践证明，只有鸡群的体重符合本品种（或品系）所要求的变异范围，才能表现出遗传性能所赋予的生产性能，即产蛋率、产蛋数、蛋重以及母鸡的存活率等都表现为最优；当体重低于最佳体重范围时，上述各项指标显著下降；当体重超过最佳体重范围时，指标差异同样显著。

称量是体重控制中的一个重要措施，只有详细地称量才能很好地控制育成鸡的体重与均匀度，对超重鸡进行限饲，对于体重低的鸡增加饲喂量。当称量测得鸡群的均匀度低于 70％时，尤其是严重低于平均体重时，应及时分析原因，如疾病、喂料的均匀性、密度、管理等方面，并根据原因采取相应的措施。

**3. 育成期光照管理**　光照控制是控制鸡群性成熟的主要途径。在育成期，同一品种的鸡群在相同饲养管理条件下，各类光照制度对性成熟的影响程度为：渐减法＞自然光照＞渐增法。

柴鸡（即地方优良品种鸡）比标准品种鸡开产晚。最早见于 22 周龄开产，如中华宫廷黄鸡、惠阳胡须鸡，但多数 25 周龄开产达产蛋率 5％，因此，应针对不同品种合理地控制光照。一般采用自然光照＋渐增法。15 周龄前自然光照，15～16 周龄光照8～10 小时，16 周龄以后每周增加光照时间，到 22 周龄增到每日 13.5 小时即可。

# 第三节  商品肉用柴鸡

商品肉用柴鸡多采用室、外圈养和室外放养两种模式结合进行饲养，也可根据商品鸡的要求、天气变化情况采用不同方法进行饲养。

**1. 肉用柴鸡的室外放养管理**

室外放养的过渡期：室内保温阶段结束后，鸡群就可以到室外放养，在放养的最初几天要把鸡群控制在离鸡舍比较近的地方，不要让鸡远离鸡舍，而且要注意看护，以免丢失和被其他动物伤害。过渡期一般要 10～15 天的时间。

随着鸡群在室外放养时间的延长，鸡群的活动区域可以逐渐扩大，根据其采食天然饲料的多少决定配合饲料的使用量，并注意把配合饲料的补饲重点放在傍晚鸡群要回鸡舍休息的时候，使鸡群逐渐养成习惯，傍晚时补饲并回舍休息。

具体开始过渡的时间要根据天气情况决定，如果在未来几天内天气晴好、温暖，可以作为鸡群放养的起始期。如果放养时天气不好（如低温、大风等），则可能会影响到鸡群的健康。刚开始放养的第 1 周，要在放养场地面放置若干个料盆或料桶，让鸡既可以觅食天然饲料，也可以摄入配合饲料，使其消化系统有一个逐渐适应的过程。开始要以配合饲料为主，辅助饲喂一些树叶、青草、青菜，之后逐渐减少配合饲料用量，增加青绿饲料用量。

**2. 平时的管理**  平时要注意天气预报和留心天气变化，如果出现恶劣气候条件要提前把鸡群收回鸡舍，如果是大风和下雨的天气就暂停室外放牧，让鸡群在鸡舍内活动。防止雷电、暴风雨对鸡群的影响是放养阶段重要的管理措施。

**3. 青绿饲料的合理利用**  放养期间，鸡群可以采食放养场地内的青绿饲料。如果放养场地内青绿饲料不足，则需考虑在当地收集青绿饲料以满足鸡群的采食需要。对于相对固定的放养场所，有必要通过种植牧草来满足青绿饲料的供应。为了合理利用放养场地内的青绿饲料，可以把放养场地划分为 5～7 个小区，采用轮牧的方法。让鸡群在一个小区内放养 2～3 天，然后再换到相邻的另一个小区内放牧，使得已经放养过鸡群的小区内的青草有 2 周以上的恢复期。

**4. 补饲** 以补充蛋白和能量为主，每天在傍晚的时候进行补饲。补饲安排在鸡舍内或鸡舍门口，以使鸡群补饲后可以很快得到休息。每次的补饲量依据天然饲料的采食量进行调整。

**5. 饮水管理** 鸡舍内要有饮水器，供鸡群在鸡舍内使用。室外放牧场地也要放置一定数量的饮水器，饮水器的容量可以使用较大的，如容量为 10 升的。每个饮水器可以满足 50 只鸡的使用。饮水器要放在比较醒目的地方，不仅便于鸡的寻找，也有利于工作人员更换饮水。需要注意的是，尽量减少太阳直晒。

**6. 卫生防疫管理** 根据免疫接种程序的要求，结合当时当地鸡病的流行情况，在室外放养阶段要考虑新城疫、传染性法氏囊病、禽痘、禽流感等疫苗的接种。在肉用柴鸡出栏前的 6 周内不要使用油乳剂灭活疫苗接种，以免在屠宰时接种部位仍然有溃疡。前期使用油乳剂疫苗接种也要注意，疫苗接种前使温度升高到 25～28℃ 。如果疫苗温度低，在接种后会在接种部位长时间存在硬结或溃疡而影响屠体质量。

放养期间主要预防的细菌性疾病有大肠杆菌病、沙门氏菌病、禽霍乱等。使用的药物（中草药）必须符合 GB/T 19630—2011 的有关规定，坚决不使用违禁药物。在肉鸡出栏前 2 周不要使用任何药物以避免屠体内药物残留。使用中草药防治疾病能够有效避免药物残留问题。放养容易感染体内寄生虫，如球虫、蛔虫、绦虫等。要注意观察鸡群的活动场所内鸡的粪便是否体现出寄生虫感染的特征，如果发现粪便显示某寄生虫病的特点，就需要及早采取防治措施，在使用驱虫药物（中草药）的同时要对鸡群活动频繁的场地进行清理和消毒。使用的消毒剂也要符合 GB/T 19630—2011 的相关要求。

# 第四节 成年种鸡与蛋用鸡

## 一、种鸡的饲养方式

为了提高种蛋品质和生产效率，便于操作管理，种鸡的饲养一般采取笼养方式。

**1. 种鸡的选择** 首先应选择羽、胫、喙具有典型特征的个体，公鸡应选体型大而健壮、活泼、性欲强的个体，母鸡可选中等体型、丰满、冠鲜红的个体。

**2. 公母比例** 采用人工授精时，种公鸡与种母鸡的比例以 1：（15～20）为宜。但在实际生产中，在选留公鸡时，数量要比实际需要多一些，以作备用。

## 二、种鸡与蛋鸡的饲养

种鸡的产蛋率和种蛋受精率直接影响种鸡场的经济效益。影响种鸡产蛋量和受精率的因素很多，但主要还是与饲料的营养水平和种鸡群的整齐度有关，种鸡的饲养既要充分满足种鸡产蛋的营养需要，又要防止种鸡过肥，造成产蛋率和受精率低。

**1. 适时调整饲粮的营养水平** 种鸡产蛋后，对蛋白质、钙、磷等营养的要求大大提高，特别是对营养要求要全面，粗纤维含量应少于5%，但对淀粉和脂肪含量高的饲料要控制饲喂。应根据产蛋率的高低和体重的变化，适时调整饲粮的营养水平，产蛋旺盛时，要适当提高日粮蛋白质水平，补充维生素、微量元素及无机盐。

**2. 抓好鸡群整齐度** 有些鸡群平均体重已达标准要求，但个体之间差异很大，大的过肥，小的过弱，都是低产鸡，需提高整齐度，才可提高产蛋量。如发现整齐度太差，应立即全部称重，然后根据不同体重，分别供给不同营养水平的饲粮，尽量使绝大部分鸡的体重保持同步增长。

### 三、种鸡的管理

**1. 补充光照** 种鸡的光照时间从开产时的 13 小时左右，在产蛋期间一般要逐渐达到 15 小时，以后保持不变，光照时间只能逐渐延长，而不能缩短。自然光照不足时，要用人工光照加以补充。人工光照的光源一般用普通白炽灯，鸡舍光照强度要求在 8～10 勒克斯。但每天的总光照时间不得超过 16 小时。

**2. 温度** 种鸡的适宜温度为 18～26℃。温度主要影响鸡的采食量和饲料利用率。温度长期低于 7℃ 或高于 29℃ 时，种鸡产蛋量和饲料报酬率都会下降，而高温比低温对鸡的影响更大。夏季可用水喷雾降温。

**3. 湿度** 空气湿度一般与温度合并对鸡产生影响。在高温高湿的环境中，病菌极易繁殖，可导致疾病的发生与传播；而低温高湿则可使鸡体散热加快，使御寒和抗病能力减弱。

因此，鸡舍内以保持干燥为好。种鸡的适宜相对湿度为 55％～65％，超过 75％ 时产蛋率明显下降 20％。

**4. 通风** 保持舍内空气新鲜，排除废气和尘埃，控制温度和湿度。当气温低于 20℃，在有害气体含量不多时，应尽量减少通风，以保持鸡体温度；当舍温超过 30℃ 时，应适当加大通风量，促进鸡体散热。

**5. 及时醒抱** 柴鸡的抱窝性较强。母鸡在抱窝期间停止产蛋，这也是柴鸡产蛋量偏低的一个原因。因此，必须采取人工方法中断其抱窝性。可采用改变环境、使用药物（中草药）刺激等方法醒抱。

**6. 自然换羽** 每只母鸡都有产蛋年限，一般从开产到产蛋结束会产蛋 10～12 个月，然后进入休产期，休产期 2～3 个月，而且越肥的母鸡休产期越长。为避免强行缩短休产期而影响鸡的福利待遇，在每只鸡饲料量不减少的情况下，可增加粗纤维含量高的麸皮、米糠、稻糠，减少能量高的玉米，让鸡及早减肥，进入产蛋期。这样既不影响鸡体的健康，又防止了强制换羽造成大量死亡，并能促使鸡群缩短休产期，尽早开产。鸡群何时恢复正常产蛋饲料，要视换羽情况决定，一般新的羽毛60％生长出时可以逐渐恢复原产蛋鸡饲料饲养标准。（鸡群产蛋率达到5％～10％视为开产的标准，按产蛋期标准进行饲养管理，柴鸡产蛋率65％以上应按产蛋高峰期进行饲养管理。）

## 四、人工授精技术

近年来，由于种鸡饲养方式的改变，随着笼养的普及和发展，已经改变了过去原始的自然交配方式，广泛推广了鸡的人工授精技术。这种技术难度不大，容易掌握，设备简单，投资少，经济效益高。经人工授精的种蛋受精率高达90％～95％，有的甚至达98％。

**1. 人工授精的优点**

（1）扩大公母比例，降低了饲养成本。自然交配时，柴鸡的公母比为1∶8～10，采用人工授精技术可扩大至1∶20～25。饲养的种公鸡可减少50％以上，大大降低了饲养成本。

（2）提高优良种公鸡的繁殖率。有的种公鸡性能优良，但脚部有疾或其他外伤，无法进行正常交配，这时通过人工授精可继续发挥优良种公鸡的作用。

（3）提高受精率。当公母种鸡体型差距相对较大时，往往影响正常的交配，还有的公鸡对某些母鸡偏爱，而很少与其他母鸡交配，致使种蛋受精率降低，而人工授精就不存在这个问题。

（4）提高种蛋合格率。种鸡平养或措施不当时种蛋会被粪便及脏物污染，破蛋和不合格蛋比例较高。人工授精不存在这样的问题。

（5）有利于新品种培育工作。在进行育种工作时，采用人工授精技术更能准确地建立起种鸡系谱，不致混群错乱，有利于后裔鉴定和育种选择。

**2. 人工授精的器材**　用于鸡人工授精的器材比较简单，可以专门制作一个可密闭、干净、便于清洗与消毒的器材箱，器材经清洗、消毒、烘干后放入备用。有条件的鸡场可以购置一台显微镜和一些血细胞计数板，用来检查精液的质量。一般常用的器材有：保温杯、小试管、胶塞、采精杯、刻度试管、温度计、试管架、玻璃吸管或专用输精器、药棉、纱布、毛巾等。

**3. 采精与输精**

（1）采精前准备　公鸡要求具有品种特征与良好生产性能，体质健康，并具性反射的个体。人工授精器具消毒后烘干备用。采精前公鸡要进行调教训练，方法是将公鸡单独隔离一周，然后每周调教 1～2 次，调教前将泄殖腔外周羽毛剪去，一般调教一周，就能建立性条件反射，顺利采出精液。

（2）采精方法与操作技术　以按摩法最为安全、简便、清洁、可靠，实践中已普遍应用。

按摩采精：一般采用腹背结合按摩，由两人操作。保定员握住公鸡双腿，自然分开，鸡头向后，呈自然交配姿势。采精员以左手四指并拢与拇指分开，掌心向下，紧贴公鸡腰背向尾部按摩数次，公鸡有性反射时，左手翻转将尾羽拨向背部，同时右手掌紧贴腹部柔软处，食指与拇指分开，置于耻骨下缘，抖动向上按摩，当泄殖腔翻开时，左手拇指与食指轻轻挤压泄殖腔外缘，此时右手将集精杯迅速翻向泄殖腔开口承接精液。此法还可以一人操作，即采精员用两腿保定公鸡，使头向后靠左侧，再按摩采精。有的调教好的或性反射强的公鸡，不需保定或只需按摩背部，便可迅速采得精液。其他技术要点：①采精前 4 小时要绝食，以免采精时排粪尿而影响精液品质；②按摩时间不能过久，压力不能过大，否则公鸡会排粪尿，或损伤黏膜而出血，或渗出透明液，都会影响精液品质；③采得精液最好在 30 分钟内用完；④一般一周内采精 3 次能获得较高的精液量和精子密度。方式可隔日采精或连采连休。

（3）输精　输精前应选择经产或新开产的发育良好的母鸡。输精器具要消毒，有效精液采好备用。

操作方法：保定员右手拇指和小指分别插在两翅基下或压在翅上，其余三指分开压住背腰部，左手掌托住胸骨后部，手指在腹部柔软处施以一定压力，泄殖腔内的输卵管开口便翻出，输卵管开口在泄殖腔左侧上方。为防止粪便排射人身，施压力时先将鸡肛门朝向外下方，然后再朝上对向输精员，进行输精。

生产中提倡浅输精，以输精管插入输卵管口 1～2 厘米深度为宜。新鲜原精，每只种母鸡一次输精量以 0.025～0.05 毫升为宜。肉种鸡最好在当天 15∶00 以后输精，此时，母鸡当天产蛋已绝大部分结束，受精效果好。种母鸡每五天输精一次，以保证较高的受精率。

**4. 影响种蛋受精率的因素**

（1）种公鸡营养不足。尤其是蛋白质、维生素 A、维生素 E、维生素 B$_2$ 和微量元素硒、碘缺乏时，种公鸡产精量减少，精子活动力差，使种蛋受精率降低。

（2）种公鸡留量不足。负担母鸡过多，造成对种公鸡过度采精，得不到充分的休息和体力的恢复。

（3）遗传因素的影响。近交系数高的种鸡，其种蛋受精率低，纯系种鸡的种蛋受精率明显低于父母代种鸡的受精率。

（4）管理不当。对种公鸡过度限制饲养，体况不佳，瘦弱，产出的精液质量差。

（5）公鸡年龄过小或过于老龄。其精液中有效精子数量不足，活力差。

（6）环境温度太冷或太热，均会影响种蛋受精率。

（7）种母鸡密度过大、鸡舍通风不足、应激因素等，都会影响种蛋受精率。

（8）母鸡多次输精，输卵管受损或发炎，或鸡群有疫病发生等情况。

# 第五节　饲养管理程序

为便于饲养员有序管理，现将笔者和张国增总结的有机柴鸡饲养管理程序（表 3-1、表 3-2 和表 3-3）提供给读者，供参考使用。

## 表 3-1 有机柴鸡种鸡饲养管理工作程序

| 自然时间 | 日龄 | 周龄 | 工作内容 | 防治程序 | 鸡舍温度 | 鸡背高 10 厘米处温度 | 湿度 | 说　明 |
|---|---|---|---|---|---|---|---|---|
| 前 3 天 | | | 将鸡舍清扫完毕，保持环境卫生良好 | | | | | 冲洗墙面及地面 |
| 前 2 天 | | | 将灯光、饮水、喂料设备放置整齐后，用高锰酸钾及福尔马林进行舍内熏蒸消毒，也可以用中草药熏蒸消毒 | | | | | 室内封闭熏蒸，每立方米高锰酸钾 3.5 克，福尔马林 7 毫升。如无条件，熏蒸消毒，也可用氢氧化物溶液喷雾消毒 |
| 前 1 天 | | | 育雏人员穿消毒衣帽进育雏室，加温使室内温度达 25℃左右，然后检查饮水及喂料设备是否整齐 | | | | | 工作人员的服装也必须消毒、人员经踏消毒垫、洗手后方能进舍 |
| | 1 | 1 | 做好接雏准备：①室内温度为 25℃，相对湿度为 55%~75%；②准备好 35~42℃的温开水，在水中加入 5%的葡萄糖。接雏：①雏到后，先逐盘摆开让雏鸡适应 1~2 小时；②然后边饮水，量边调教雏饮水，观察雏全部饮水后，测量鸡背高 10 厘米处的温度，其温度应到 33.5℃，以鸡不扎堆视为温度适宜；③饮水后 2~4 小时开食，将雏料湿拌后撒在料盘中 | 已接种马立克病疫苗 | 25℃ | 33.5℃ | 50%~60% | 昼夜光照，当天的死雏必须当天无害化处理，从即日起尤其是干燥季节要注意做到：每天将饮水器、料盘及地面用消毒水进行消毒，为保持鸡舍内的温度，地面应用湿布擦地，且水中要加入消毒液 |

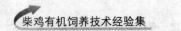

（续）

| 自然时间 | 日龄 | 周龄 | 工作内容 | 防治程序 | 鸡舍温度 | 鸡背高10厘米处温度 | 湿度 | 说明 |
|---|---|---|---|---|---|---|---|---|
| | 2 | 1 | ①保持鸡舍温度为25℃，鸡背高10厘米处温度33℃；②随时撒料并添水；③为保持鸡舍适宜的湿度，每天要用湿布擦地 | 10日龄接种禽流感疫苗 | 25℃ | 33℃ | 60% | 每天必须将饮水器、料盘及地面消毒 |
| | 3 | 1 | 鸡舍温度保持在23℃，鸡背高10厘米处温度要达到33℃，相对湿度为55%~75%，夜间闭灯1小时 | | 23℃ | 33℃ | 60% | 饮温开水一周 |
| | 4 | 1 | 鸡背高10厘米处温度保持在30℃以上，夜间闭灯2小时 | | 23℃ | 30℃ | 60% | |
| | 7 | 1 | 鸡背高10厘米处温度保持在28℃以上 | 新城疫弱毒苗滴鼻点眼 | 23℃ | 28℃ | 60% | |
| | | 2 | 鸡背高10厘米处温度保持在28℃以上，每两天清一次鸡粪，每天光照11小时 | 13天传染性法氏囊病疫苗滴鼻点眼 | 22℃ | 28℃ | 50% | 鸡张嘴喘气表示温度过高，鸡扎堆表示温度过低 |
| | | 3 | 鸡背高10厘米处温度保持在23℃以上，调整鸡群密度，每平方米20~30只 | | 22℃ | 23℃ | 50% | |

（续）

| 自然时间 | 日龄 | 周龄 | 工作内容 | 防治程序 | 鸡舍温度 | 鸡背高10厘米处温度 | 湿度 | 说明 |
|---|---|---|---|---|---|---|---|---|
|  |  | 4 | 鸡背高10厘米处温度保持在18～22℃、必须随时保证鸡有料位、水位，本周开始光照为8小时 |  | 22℃ |  | 50% | 此后鸡开始换羽，并注意随时清扫鸡脱落的羽毛 |
|  |  | 5 | 鸡背高10厘米处温度保持在20℃以上，第28～30天免疫 | 新城疫+传染性法氏囊病疫苗（冻干苗） | 22℃ |  | 50% | 饲料如不是全价配合饲料，应在饲料中加入砂砾 |
|  |  | 6 | 鸡背高10厘米处温度保持在20℃以上 |  | 22℃ |  |  | 最适宜温度22℃ |
|  |  | 7 | 更换中雏饲料，每日喂4次，按饲养标准喂，饲养密度为每平方米25只 |  |  |  |  | 饮水应当充足，本周开始自然光照 |
|  |  | 8 | 有条件的，按公母进行分群饲养，周末进行称重。将体重过高和过低的，进行限料或增料单独饲喂 |  |  |  |  |  |
|  |  | 9 | 为达到机体性成熟、体成熟同步，需开始限制饲喂 | 60日龄接种禽流感疫苗 |  |  |  | 限饲：一是用料量控制，每日料量不能超量；二是配合粗纤维高的饲料饲喂 |

（续）

| 自然时间 | 日龄 | 周龄 | 工作内容 | 防治程序 | 鸡舍温度 | 鸡背高10厘米处温度 | 湿度 | 说　明 |
|---|---|---|---|---|---|---|---|---|
| | | 10 | 由本周开始注意均匀度应达85%，个体过重的限饲，过小的应单独补料。饲养密度为每平方米22只 | 70日龄断翅下刺种鸡痘苗 | | | | 每周必须消毒1～2次。发现疫病，每天消毒1次 |
| | | 11 | 每日观察鸡群，发现交会啬鸡、转脖鸡淘汰 | | | | | 对水槽或饮水器，季节每天擦洗一遍，季节三日擦洗一次 |
| | | 12 | 抽测体重，并与饲养标准体重相比确定喂料料量，体重过大；暂停增料量；体重低于标准的，适当增加料量。饲养密度为每平方米18只鸡 | 84日龄中等毒力新城疫疫苗免疫接种 | | | | 免疫途径：饮水或点眼 |
| | | 13 | 更换大雏饲料，按饲养标准喂料，光照应达到10小时，公母应分群饲养，饲养密度为每平方米15只 | | | | | 注意：饲料中钙1%，有效磷0.4% |
| | | 14 | 周末进行抽测称重 | | | | | |
| | | 15 | 由本周开始每周增加光照时间，15～16周龄光照8～10小时 | | | | | 注意观察鸡群健康程度，尤其是观察鸡粪便，将个别排绿稀便的鸡淘汰 |
| | | 16 | 母鸡体重低于平均体重20%的淘汰。光照时间不超过13小时 | | | | | |

（续）

| 自然时间 | 日龄 | 周龄 | 工作内容 | 防治程序 | 鸡舍温度 | 鸡背高10厘米处温度 | 湿度 | 说明 |
|---|---|---|---|---|---|---|---|---|
| | | 17 | 进行鸡白痢监测，淘汰鸡白痢病鸡 | | | | | |
| | | 18 | 周初防疫，光照时间不超过14小时 | 新城疫油苗注射 | | | | 大腿肌肉注射。为防刺中骨骼，要斜刺 |
| | | 19 | 料量：公鸡125g，母鸡115g | | | | | 注意：饲料中钙3.2%，有效磷0.4% |
| | | 20 | 个别母鸡产蛋，由周四开始饲料中加入维生素E、维生素A和维生素B₂，对公鸡开始训练采精 | | | | | 剪掉公鸡肛门周围羽毛 |

**育成期需要重视的八个方面：**

一、开食料中添加"黄白止痢散"，每吨饲料加3千克，不但可预防鸡白痢和鸡大肠杆菌病，而且还能预防雏鸡胎粪黏附肛毛。

二、育雏第5天是雏先天营养与后天营养更替日，要保持好室温更替，以湿拌料料好。

三、育雏料应便于雏鸡消化，以湿拌料料好。

四、疫苗一定按说明书使用，用量应合理，接种时间应适宜。

五、育雏温度是指鸡背高10厘米处温度而不是指室温。温度适宜则说明鸡不扎堆。扎堆指鸡压鸡胎，并且发出"叽叽"叫声，鸡一个平卧成一片一片为正常，有压卧则说明温度低。散卧并张口喘气则说明温度高。育雏第一周适宜的温、湿度是育雏的关键。

六、弱雏护理。为提高成活率，每群鸡必须要设单独护理栏，对生长发育迟的、或病弱雏要单独护理。

七、关于营养和饲料料量。因为中华宫廷黄鸡雏（0~6周龄）、中大雏（7~12周龄），所以中雏（7~12周龄）8周龄前不限饲料量，且饲料玉米质量要好。为保障鸡蛋质量，对大雏（13~20周龄）17周龄后饲喂无鱼粉配合料，且饲喂后配方要好。

八、喂料次数应合理。为保持雏鸡饲料标准饲喂，18周龄前每日3次，8：00、10：00、16：00各一次。周龄前按标准饲喂，17周龄开始每日4次，

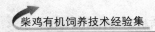

表 3-2 有机柴鸡产蛋期饲养管理工作程序

| 自然时间 | 周龄 | 工作内容 | 每日喂料量（克/只） | 每日光照时间（小时） | 温度（℃） | 注意问题 |
|---|---|---|---|---|---|---|
| | 21 | 将不合格的鸡选出，每日喂料3次 | 100~115 | 13.5 | 18~22 | 有个别母鸡产蛋，上午第一次添料，二次划料为主，下午添料 |
| | 22 | 观察初产蛋鸡是否因产蛋肛门破裂，若破裂，应及时采取措施，以防其他鸡啄肛 | 100~115 | 13.5 | 18~22 | 肛破后用紫药水涂 |
| | 23 | 产蛋率5%，注意畸形蛋率，超过30%调整饲料 | 105~120 | 13.5 | 18~22 | 只要产蛋率达5%，应换产蛋料 |
| | 24 | 产蛋率5% | 120 | 13.5 | 18~22 | 抽测体重。换料，先料后料各半 |
| | 25 | 原种父本产蛋率5% | 123 | 14 | 18~22 | 换料，先料后料各半 |
| | 26 | | 125 | 14 | 18~22 | 撒料均匀 |
| | 27 | 鸡群产蛋率上升，喂料一定时、定量，尤其不得超量 | 125 | 14 | 18~22 | 每日产蛋率应上升5% |
| | 28 | 如果是人工授精场，应对公鸡采精每隔两日训练一次 | 125 | 14 | 18~22 | 对同日龄公鸡无精液淘汰观察 |
| | 29 | 正常饲养 | 125 | 14 | 18~22 | 产蛋率可达25%~35% |
| | 30 | 正常饲养 | 125 | 14.5 | 18~22 | 产蛋率34%~40% |

（续）

| 自然时间 | 周龄 | 工作内容 | 每日喂料量（克/只） | 每日光照时间（小时） | 温度（℃） | 注意问题 |
|---|---|---|---|---|---|---|
|  | 31 | 注意观看鸡的粪便是否正常 |  | 15 | 18～22 | 注意寒季带鸡（包括粪便）消毒每周一次 |
|  | 32 | 产蛋率35%以上且蛋重50克时可以进行人工授精 | 120 | 15 | 18 | 观察蛋壳厚薄，薄则增加有效磷到0.4%，钙至3%～3.5% |
|  | 33 | 一定要做到饮水供应充足，防止生人及其他动物入鸡舍，防惊群 | 120 | 15 | 18 | 产蛋率正常可达到50%～55% |
|  | 34 | 一定要做到饮水供应充足，防止生人及其他动物入鸡舍，防惊群 | 120 | 15 | 18 | 产蛋率达60%，为高峰期，注意高产蛋鸡易患劳损症 |
|  | 35 | 正常饲喂 | 120 | 15 | 18 | 育成期均匀度好的鸡产蛋率达65%～70% |
|  | 36 | 自然交配鸡，如公鸡受精率低时要更换 | 120 | 15 | 18 | 注意产蛋间歇鸡因开产撑破肛流血的，立刻抓出，以防脱肛 |
|  | 37～39 | 正常饲喂 | 120 | 15 | 18 | 高温天气注意通风并降温，低温不能低于10℃ |
|  | 40 | 本周七天，每天随机抽样分别测50枚蛋重，并从本周开始准确记录蛋数 | 120 | 15 | 18 | 产蛋率在高峰期个别天数达70% |

（续）

| 自然时间 | 周龄 | 工作内容 | 每日喂料量（克/只） | 每日光照时间（小时） | 温度（℃） | 注意问题 |
|---|---|---|---|---|---|---|
| | 41~44 | 正常饲喂 | 125 | 15 | 18 | 注意食槽、水槽跑料水情况。若水入料，应及时清理，以防发霉 |
| | 45 | 全面对鸡进行体重、体尺、蛋重的测量 | 125 | 15 | 18 | |
| | 46 | 正常饲喂 | 125 | | | 产蛋率开始下降 |
| | 47 | 群体产蛋率下降属正常现象 | 120 | 14.5 | 18~25 | 光照减少0.5小时，饲料量减少，以防鸡肥 |
| | 48 | 当产蛋率一周下降5%~7%时，每日料量每只减5克 | 酌情 | 14 | 18~25 | 光照减少0.5小时 |
| | 49~51 | 产蛋率逐渐下降为正常现象 | 酌情 | 14 | 18~25 | 产蛋率50%左右 |
| | 52~54 | 正常饲喂 | 118 | 14 | 18~25 | 产蛋率40%左右 |
| | 55~64 | 产蛋率下降期 | 115 | 13.5 | 18~25 | 减少个别喂料量，否则影响产蛋率 |
| | 65~68 | 产蛋率低于30%，不再人工授精 | 112 | 13 | 18~25 | 注意个别脱毛，如超过8%脱毛，可能有疫病发生 |
| | 69 | 正常饲喂 | 107 | 12.5 | 18~25 | 搞好自然换羽准备工作 |
| | 70 | 产蛋率25%~28% | 100 | 12 | 18~25 | |
| | 71~72 | 产蛋率20%左右 | | | | 先淘汰公鸡，后淘汰母鸡 |

## 表 3-3 有机柴鸡商品鸡饲养管理工作程序

| 自然时间 | 日龄 | 周龄 | 工作内容 | 防治程序 | 鸡舍温度（℃） | 鸡背高10厘米处温度（℃） | 湿度（%） | 说　明 |
|---|---|---|---|---|---|---|---|---|
| 前3天 | | | 将鸡舍清扫完毕，保持环境卫生良好 | | | | | 冲洗墙面及地面 |
| 前2天 | | | 将灯光、饮水，喂料设备放置整齐后，用高锰酸钾及福尔马林进行舍内熏蒸消毒，也可用中草药熏蒸消毒 | | | | | 室内封闭熏蒸，每立方米高锰酸钾3.5克，福尔马林7毫升。如无条件，熏蒸消毒，也可用氧化钠溶液喷雾消毒 |
| 前1天 | | | 育雏人员穿消毒衣帽进入雏室，加温使室内温度达25℃左右，然后检查饮水及喂料设备是否整齐 | | | | | 工作人员的服装也必须消毒 |
| | | | 做好接雏准备：①室内温度为25℃，相对湿度为55%～75%；②准备好35～42℃的温开水，在水中加入5%的葡萄糖。接雏：①雏到后，先逐盘撩开让雏鸡适应 1～2 小时；②然后盘边饮水边调数雏饮水，观察雏全部饮水后，测量鸡背高10厘米处的温度，其温度应到33.5℃，以鸡不扎堆视为温度适宜；③饮水2小时后开食，将雏料湿拌后撒在料盘中 | | | | | 昼夜光照，当天的死雏必须当天无害化处理。从即日起尤其是干燥季节要注意做到：每天将饮水器、料盘及地面用消毒水进行消毒。为保持鸡舍内的湿度，地面必须用湿布擦地，日水中要加入消毒液 |
| 1 | 1 | | | 已接种马立克病疫苗 | 25 | 33.5 | 50～60 | |

（续）

| 自然时间 | 日龄 | 周龄 | 工作内容 | 防治程序 | 鸡舍温度（℃） | 鸡背高10厘米处温度（℃） | 湿度（%） | 说 明 |
|---|---|---|---|---|---|---|---|---|
| | 2 | 1 | ①保持鸡舍温度为25℃，鸡背高10厘米处温度为33℃；②随时撒料并撒水，保持鸡舍适宜的湿度；③为保持鸡舍要用湿布擦地 | | 25 | 33 | 50～60 | 每天必须将饮水器、料盘及地面消毒 |
| | 3 | 1 | 鸡舍温度保持在23℃，鸡背高10厘米处温度要达到33℃，夜间闭灯1小时 | | 23 | 33 | 50～60 | |
| | 4 | 1 | 鸡背高10厘米处温度保持在32℃以上，夜间闭灯2小时 | 新城疫弱毒苗滴鼻点眼 | 23 | 32 | 50～60 | |
| | 7 | 1 | 鸡背高10厘米处温度保持在30℃以上 | 10日龄禽流感感疫苗，13日龄传染性法氏囊病疫苗滴鼻点眼 | | | | |
| | | 2 | 鸡背高10厘米处温度保持在28℃以上，每天光照减1小时；每两天清一次鸡粪 | | 20～22 | 28 | 55 | 鸡张嘴喘气表示温度过高，鸡扎堆表示温度过低 |

（续）

| 自然时间 日龄 | 周龄 | 工作内容 | 防治程序 | 鸡舍温度（℃） | 鸡背高10厘米处温度（℃） | 湿度（%） | 说　明 |
|---|---|---|---|---|---|---|---|
|  | 3 | 鸡背高10厘米处温度保持在23℃以上，调整鸡群密度 |  | 20～22 | 23 | 55 |  |
|  | 4 | 鸡背高10厘米处温度保持在22℃以上，必须随时保证鸡有料位、水位，本周开始光照为10小时 | 周初新城疫＋传染性法氏囊病疫苗滴鼻点眼 | 18～22 |  | 55 | 此后鸡开始换羽，并注意随时清扫鸡脱落的羽毛 |
|  | 5 | 鸡背高10厘米处温度保持在22℃以上。第29～30天免疫 | 传染性喉气管炎疫苗点眼 | 18～22 |  | 55 | 饲料如不是全价配合饲料，应在饲料中加入砂砾 |
|  | 6 | 鸡背高10厘米处温度保持在22℃以上 |  | 18 |  | 55 | 最适宜温度18℃ |
|  | 7 | 更换中雏饲料，每日喂4次 |  |  |  | 55 | 本周开始自然光照，做好放养场地及设备的准备工作 |
|  | 8 | 如温度适宜，可以放养，但应用全价配合饲料 |  |  |  |  | 一定供水供料充足，训练鸡晚上回鸡舍休息 |

（续）

| 自然时间 | 日龄 | 周龄 | 工作内容 | 防治程序 | 鸡舍温度(℃) | 鸡背高10厘米处温度(℃) | 湿度(%) | 说明 |
|---|---|---|---|---|---|---|---|---|
| | | 9 | 利用鸡场的条件反射让鸡晚上自动回鸡舍 | 60日龄接种禽流感疫苗 | | | | 喂水喂料时使用固定的音响或口令 |
| | | 10 | 公母分群 | 新城疫疫苗滴鼻点眼 | | | | 以后光照13～15小时 |
| | | 11 | 无论舍饲或放养均应使密度合理 | 周末传染性喉气管疫苗点眼 | | | | |
| | | 12 | 注意观察鸡群采食量及粪便是否正常 | | | | | 料量不限 |
| | | 13 | 更换育肥料，此时光照达15小时 | | | | | |
| | | 14 | 光照达到17小时，饲料及饮水供应充足 | | | | | |
| | | 15 | 光照达到19小时 | | | | | |
| | | 16 | 本周开始昼夜光照，昼夜喂料及饮水 | | | | | |
| | | 17 | 本周后鸡群可以出栏 | | | | | |

注：

1. 由8周龄开始，如果放养，可由全价配合饲料逐步转为饲喂天然饲料，但不能只喂玉米、稻谷等能量饲料，也应喂豆粕、菜子粕、棉仁粕等蛋白饲料。

2. 微量元素和维生素、食盐等都应补充，以避免缺乏。

# 第六节 淘 汰 鸡

淘汰鸡和不下蛋老母鸡经短期育肥后，可有效地改善肉的品质，增加体重，提高鸡的屠宰率，很适应市场需求，能卖上好价钱，增加经济效益。淘汰鸡育肥可采取以下措施：①鸡舍要暗，舍内的光线不能过强，保持卫生干燥，鸡舍温度适宜，通风良好，使鸡有一个好的育肥环境。②减少运动，保证休息。不设置运动场，减少鸡的运动，密度不要过小，不给过多的活动空间。同时要减少和避免惊动和各种响声干扰引起应激反应，保持鸡舍安静，让鸡饱食后进行充分的休息，以减少大量体能的消耗，使鸡少动多睡，以促进鸡脂肪的沉积，增加肥度。切忌惊群、炸群。③育肥前驱虫。上一年产蛋量少的鸡，一般80％～90％体内有蛔虫等寄生虫，特别陈旧鸡场蛔虫多。育肥前要驱虫，选用驱虫药（中草药）进行拌料喂服。粪便要及时清除，堆积发酵处理。④调整配方。适当调整饲料能量水平，减少粗蛋白质含量，多喂些富含淀粉、易消化的饲料，如玉米、杂米、小麦等，最好将其加工成颗粒料，鸡爱吃，吃得多，催肥效果好。饲料应做粗加工，不宜过细。并加喂青饲料，以增加适口性，但不宜过多。

# 第七节 商品肉用柴鸡出栏

**1. 柴鸡的出栏时间与体重** 柴鸡出栏的时间和方式应根据柴鸡各个品种的生产特点和生理规律确定。

各种鸡只要生长到一定周龄，体重达到一定标准之后，其生长速度和饲料效率就会显著下降，继续饲养会使生产成本明显增加，同时饲养期越长患疾病的风险也越大。另外，出栏时间还要考虑当时的市场行情，如果市场行情好可以及时出栏，如果预计未来几周市场价格会明显上升则可以推迟几周出栏，柴鸡的出栏日龄一般在120日龄前后，体重为1.3～1.8千克。

**2. 分批出栏**　当鸡群达到上市日龄和体重后可以根据销售情况分批出售。许多地方良种鸡的生长整齐性有差异，如 100 日龄公鸡体重大的能够达到 2 千克以上，体重小的可能不足 1.5 千克。另外，饲养商品肉用柴鸡通常是公母混群饲养，公鸡和母鸡不仅在生长速度上有差异，在销售价格上差别也很大。因此，把公鸡和母鸡分别销售，能够最大限度地获得养鸡利润。

**3. 抓鸡**　出栏前需要抓鸡，而抓鸡对于鸡群来说是个强烈应激，尤其是柴鸡，体型小、轻巧、飞蹿能力强，不容易被抓住，反而使鸡受到惊吓。尤其是采用分批出栏时，每抓鸡一次就会造成其他鸡 3～5 天内体重停止增加。为了减轻抓鸡造成的应激，建议于出栏当天早晨不要放牧，让鸡群待在鸡舍内，同时把窗户用深色物体遮挡起来，使鸡舍内的光线显得昏暗。在昏暗的光线下，鸡比较安静，抓鸡的时候所造成的应激相对会比较小一些，鸡也好抓些。抓鸡时最好抓住鸡的双腿，不要抓单腿、翅膀和颈部，以免造成鸡的损伤而影响外观，降低销售价格。

**4. 装箱（筐）**　肉鸡出栏都要装在专门的周转箱（筐）内，便于称重和运输。将鸡从鸡舍内抓出后直接放进箱（筐）内。每个箱（筐）内放的鸡数量要适宜，避免拥挤。

# 第八节　废弃物无害化处理

随着先进的饲养管理技术、科学的饲料配方以及饲料添加剂、禽药疫苗等在畜禽生产中广泛应用，我国畜禽养殖产业发展迅猛，大规模集约化养殖企业迅速崛起。然而，大的规模、畜禽生产集中产生了大量粪便、污水、有害气体和恶臭，引起的污染问题也愈发严重。在全社会生态意识日益加强、环保力度日益加大的背景下，如何采取综合治理措施，解决畜禽养殖的废弃物污染，促进畜禽生产持续健康发展，已成为畜禽养殖及研究人员关注的焦点。

## 一、柴鸡产生的废弃物

柴鸡生产中形成的废弃物主要有粪便、污水、病死柴鸡、废弃垫料、废弃的生产用品等。

粪便和病死肉鸡尸体中携带大量的有害微生物，如细菌、病毒、寄生虫及其虫卵，这些病原微生物可以在较长的时间内维持其感染性，若不及时处理，不仅会造成大量蚊蝇滋生，还会形成传染源，造成疫病的传播，产生重大损失。

## 二、废弃物的无害化处理

**1. 粪便** 柴鸡的粪便由于饲养管理方式或设施的不同，废弃的形式也不一样，或以纯粪尿，或以混有垫料，或以粪液，或以污水的形式弃之，因而处理的方法也随之不同。其主要的用途，目前作为柴鸡的特殊的饲养方式（散养或半放牧），仍然是作为有机肥料供给农作物与牧草所需的各种养分，同时亦可改善土壤的结构。我国农业生产中历来重视有机肥料的使用，而鸡粪又是优质高效的含氮高的有机肥料。鸡粪中含有 25.5% 的有机物，氮、磷、钾的含量高于其他畜禽类。使用鸡粪施肥，生产成本低，养分全面，释放平稳，肥效持久，能改善土壤结构，增加土壤有机肥力，提高农作物的产量和品质。因而较化肥具有明显的优越性并且增加种植经济效益。

（1）肥料化 鸡粪含有较多的营养成分，含水量低，是优质的有机肥料。堆肥发酵法是最常见的也是一种较为理想的鸡粪和垫料处理方式，即通过微生物降解鸡粪中的有机物质，从而产生高温，杀死其中的细菌、寄生虫卵，使有机物腐殖质化，提高肥效。即在塑料大棚内（或露地），把鲜鸡粪（垫料）与锯末或稻、谷糠以 2∶1 的比例混匀后，堆成 30 厘米厚的堆，发酵 5 周即可使用。发酵后的鸡粪各种营养成分含量提高，并且对植物安全可靠。目前一些有机肥生产厂在常规发酵方法的基础上增加使用厌氧发酵法、快速烘干法、微波法、充氧动态发酵法等，克服了传统发酵法的一些缺点。

（2）饲料化　鸡粪中含有大量未消化的粗蛋白，粗蛋白含量高达 16%～18%，可代替部分蛋白饲料原料，经加工后可喂牛、羊等反刍动物，也可少量添加于猪饲料中，作为其常规饲料的补充（不可大量使用）。目前国内外对鸡粪的处理主要采用高温干燥法、化学处理法、青贮法、发酵法、氨化法和分离法等。近年来，随着水产业的发展，鸡粪开始大量用作鱼的饲料。同时也有利用鸡粪加工饲料来养殖蝇蛆、蚯蚓的报道。但由于利用粪便加工成的饲料存在能量低、矿物质含量较高等营养不平衡问题，除反刍动物外，其他动物只能少量作为常规饲料的补充，不宜大量使用。

**2. 污水**　根据柴鸡的生长特性，柴鸡在我国一般以完全放养或以半舍饲半放牧相结合的形式，养殖场的污水主要来源于冲洗饲料用具（料槽或水槽）的污水，但是用量很少，一般不会污染环境和地下水。

**3. 病死淘汰肉鸡**　对于病死淘汰肉鸡尸体和屠宰肉鸡下脚料，如不及时处理，会形成新的传染源，对养殖场及周边场的疫病控制产生极大的威胁。对于少量的病死鸡的无害化处理，最简单的处理方式就是焚烧和深埋，并对焚烧点和深埋点进行消毒。而对批量的病死鸡，如一次大的疫情的扑灭过程中所扑杀的病死鸡和可能染疫鸡的无害化处理，则应集中焚烧后挖坑深埋，或送专门的无害化处理厂焚烧处理。

# 第九节　设置柴鸡统计档案

## 一、日常生产统计

为掌握生产进度，了解柴鸡是否达到有机饲养标准，对鸡群应设置周报表，其中内容包括：周龄、自然时间、成活率、产蛋率、耗料，免疫、防病、治病、投药及方法记录；饲料、饲料添加剂、动物产品出入库详细记录等涉及养殖场生产全过程的详细记录。根据以上内容，企业自己制订周报表。

## 二、生产性能的计算公式和方法

**1. 产蛋性能**　产蛋率：产蛋率是衡量蛋鸡和各种生产用途鸡生产水平的标准。对于柴鸡产蛋率，日、周、月都应统计。并对产蛋鸡 72 周龄末，每只鸡周年的平均产蛋率进行计算，公式：

$$每只鸡周年的平均产蛋率=\frac{统计期内总产蛋数（枚）}{统计期内饲养蛋鸡只数}\times100\%$$

统计周产蛋率，即 7 天总产蛋数（枚）除 7 天总鸡数；也可将 7 天产蛋率累加再除 7，求出平均每只鸡每周产蛋量。每月每只鸡产蛋率计算方法相同。

平均产蛋量：平均产蛋量是指每只柴鸡统计期内平均产蛋数，计算公式：

$$平均产蛋量=\frac{统计期内总产蛋数（枚）}{总柴鸡数（只）}\times100\%$$

蛋重：蛋重指蛋的大小，单位以克计，从每只鸡 42 周龄开始，取以后 3 天产的蛋，称重，然后除以蛋枚数。

平均日产单个蛋重（克）＝［总蛋重（克）/蛋枚数］/3

产蛋期存活率：产蛋期存活率是衡量一个鸡种体质的标准，是衡量饲养管理水平的标志。方法是，按总的柴鸡数量，由 22 周龄产蛋期开始，到产蛋期结束，减去这期间死亡和淘汰数，存活柴鸡占总的柴鸡数量的百分比，计算公式：

$$产蛋期存活率=\frac{总的柴鸡数量－（死亡数＋淘汰数）}{总的柴鸡数量}\times100\%$$

产蛋期体重：称量柴鸡 22 周龄开产体重及 72 周龄产蛋末期体重。计算个体记录时，个体称量求平均值，单位以克计；计算群体记录时，随机抽取不少于 100 只柴鸡，称重后求平均值，单位以千克计。

料蛋比：料蛋比主要是衡量生产蛋鸡的生产性能，柴鸡种鸡也适用。这项指标是指产蛋期耗料量除以总产蛋重，即得产出 1 千克鸡蛋所消耗的饲料量，计算公式：

$$料蛋比 = \frac{产蛋期耗料量（kg）}{总产蛋重（kg）}$$

**2. 产肉性能** 活重：活重是衡量鸡体型大小的标准，指鸡停食后 12 小时的体重，俗称毛重。以克为单位。

屠体重：屠体重也称白条鸡重、光鸡重，指屠宰放血、拔（脱）毛后的重量。湿脱毛沥干后再称重量。屠宰率指屠体重占活重的百分比。

$$屠宰率 = \frac{屠体重（g）}{活重（g）} \times 100\%$$

半净膛重和半净膛率：半净膛重指屠体去气管、食道、嗉囊、肠道、脾脏、胰脏和生殖器官，留心、肝（去胆）、腺胃、肌胃（除去内容物及肌内金）、腹脂（含肌胃周围脂肪）、肺脏和肾脏的重量。半净膛率指半净膛重占活重的百分比。

$$半净膛率 = \frac{半净膛重（g）}{活重（g）} \times 100\%$$

全净膛重和全净膛率：全净膛重指除掉所有内脏，并去掉头、胫、脚的屠体重量。净膛白条指去除所有内脏，留头、胫、脚。全净膛率指全净膛重占活重的百分比。净膛屠宰率指净膛白条占活重的百分比。

$$全净膛率 = \frac{全净膛重（g）}{活重（g）} \times 100\%$$

$$净膛屠宰率 = \frac{净膛白条（g）}{活重（g）} \times 100\%$$

胸肌率和腿肌率：分别为胸肌肉重和腿肌肉重占全净膛重的百分比。

$$胸肌率 = \frac{胸肌重（g）}{全净膛重（g）} \times 100\%$$

$$腿肌率 = \frac{腿肌重（g）}{全净膛重（g）} \times 100\%$$

## 三、繁殖性能的计算公式

一个品种特性的遗传，是通过繁殖延续的。评估繁殖性能，需要计算如下指标。

**1. 种蛋**　种蛋合格率：蛋种鸡产蛋期末所产合格总蛋数占其总产蛋数的百分比。计算公式：

$$种蛋合格率=\frac{合格总蛋数（枚）}{总产蛋数（枚）}\times100\%$$

种蛋受精率：指孵化的种蛋，捡出无精蛋（白蛋）后受精蛋占入孵蛋的百分比，计算公式：

$$种蛋受精率=\frac{受精蛋数（枚）}{入孵蛋数（枚）}\times100\%$$

**2. 孵化率**　孵化率：孵化率分受精蛋的孵化率和入孵蛋的孵化率两种，分别指出雏数占受精蛋数和入孵蛋数的百分比，计算公式：

$$受精蛋孵化率=\frac{出雏数（只）}{受精种蛋数（枚）}\times100\%$$

$$入孵蛋孵化率=\frac{出雏数（只）}{入孵蛋数（枚）}\times100\%$$

健雏率：指健康新生雏数占出雏总数的百分比，计算公式：

$$健雏率=\frac{健康新生雏数（只）}{出雏总数（只）}\times100\%$$

育雏率：是指育雏期末（6周龄）雏鸡数占育雏初入舍雏鸡数的百分比，计算公式：

$$育雏率=\frac{育雏期末雏鸡数（只）}{育雏初入舍雏鸡数（只）}\times100\%$$

# 附件

## 种鸡生产需重视四个问题

一是，三固定。为提高产蛋率、授精率、健雏率，21～72周要实行以下固定：饲养场地固定，饲养方式固定，人工授精员和饲养员固定。

二是，饮水质量。一旦气温超过25℃，鸡饮水量就要增加，超过30℃就会通过多饮水而加快鸡体散热，因此，饮水一定要清洁卫生，供水量一定要充足，若出现一日缺少饮水，则一周后才能恢复产蛋量。

三是，营养水平和喂料量。中华宫廷黄鸡产蛋高峰期蛋白质需要量为17.5%～18%，若日粮中蛋白质水平超过18%饲喂半个月，则有出现痛风病的可能。喂料量一般每日每只120～125克，产蛋期不可过多加料，否则易造成鸡体内脂肪蓄积，从而导致产蛋率下降。

四是，鸡群的保健与护理。对有机柴鸡的保健与护理坚持防重于治的原则。鸡体要达到以正压邪，首先要按免疫程序实施免疫接种，其次是按不同年龄、不同季节投喂中草药，以增强鸡体抗病能力，防止疫病的发生。

# 第四章

# 常见柴鸡疾病的防治

在饲养有机柴鸡过程中防病治病是一个重要环节。如果没有得力的防治措施，尤其是防病的措施，鸡场一旦发病，将会造成经济损失，延误有机产品生产。

在有机柴鸡饲养管理过程中，做好防疫，保持鸡体健康是关键。根据笔者经验，用中草药防病不会产生过大应激，不影响鸡的生长发育、生产、繁殖，效果显著。因此，本书重点叙述了防病措施，供饲养专业户（单位）根据自己养殖场具体情况进行选用。

## 第一节　鸡病毒性传染病

### 一、鸡新城疫

**1. 病原**　为副黏病毒科副黏病毒亚科禽腮腺炎病毒属的新城疫病毒。

**2. 流行病学**

（1）发病季节　发病的季节性不十分明显，一年四季均可发生，但春、冬两季较多发。

（2）发病年龄　不同年龄和不同品种的鸡均可感染发病，但幼雏和中雏的感受性比老龄鸡明显增高，易感鸡群发生时，发病率和死亡率可达 90％以上。

（3）传播途径　本病的主要传染来源是病鸡、病鸡的分泌物、排泄物和尸体。被病毒污染的饲料、饮水和尘土经过消化道和呼吸道或眼结膜传染易感鸡是主要的传播方式。

### 3. 临床症状

（1）典型新城疫

①最急性型　此型多见于流行初期，突然发病，无特征性症状而突然死亡；雏鸡和中鸡多见。

②急性型　病程 2～5 天，体温升高，出现病鸡咳嗽，呼吸困难，吸气时伸展头颈张口呼吸，并发出"咯咯"的叫声。口腔和鼻腔分泌物增多；嗉囊胀满、充满酸臭液体和气体；病鸡下痢，排出黄白色或黄绿色稀粪便，有时混有血液；病鸡两腿麻痹，站立不稳，共济失调，头颈向后仰或向下扭转（转脖）；产蛋量急剧下降或停止，软壳蛋、畸形蛋增多，蛋壳颜色变浅。

（2）非典型性新城疫　多发生于具有母源抗体或经新城疫疫苗一次或数次免疫过的鸡群和产蛋期（产蛋高峰期）。常局限于一栋或两栋鸡舍，发病率和死亡率低于一般流行，雏鸡以呼吸症状为主，其后表现出新城疫典型的神经症状（转脖）。继发其他病，可引起死亡。产蛋鸡发病首先表现为产蛋量下降，30%～50%，蛋壳颜色发白，产薄壳蛋、软壳蛋、小蛋，偶尔可见有神经症状的鸡，继发大肠杆菌可引起鸡死亡。

### 4. 病理变化

（1）典型新城疫　主要病变是全身黏膜和浆膜出血，淋巴系统肿胀、出血和坏死，尤其以消化道和呼吸道明显，嗉囊充满酸臭味的稀薄液体和气体；腺胃黏膜水肿，乳头和乳头间有出血点或溃疡和坏死；肌胃的角质层也常有出血点；肠黏膜（小肠、大肠、直肠）有大小不等的出血点，有的有纤维坏死病变，有的形成假膜，假膜脱落后即形成枣核状溃疡；盲肠扁桃体肿大、出血和坏死；气管内有黏液，气管及喉头严重充血、出血、水肿；心冠状脂肪有针尖大的出血点；脑膜充血或出血；产蛋母鸡的卵泡和输卵管显著充血，卵泡破裂，卵黄流入腹腔可引起卵黄腹膜炎。

（2）非典型新城疫　病变不典型，仅见喉头和器官黏膜充血、出血；腺胃乳头出血少见；十二指肠淋巴滤泡增生及小肠黏膜有出血点或溃疡灶；盲肠扁桃体肿胀、出血、坏死；直肠黏膜充血；产蛋鸡卵泡变形、充血、破裂和卵黄腹膜炎等。

**5. 防病方剂**

【方剂源流】《中兽医防治禽病》

【方剂一】党参50g，灵芝、女贞子各30g，麦冬、枸杞、桑葚各10g，加水浸泡30分钟，煎煮30分钟，煎3次，合并3次滤液，并浓缩药液，灭菌备用。

【方剂二】荔枝草（研粉）6份，白矾粉2份，猪胆汁2份，掺和均匀，制成每粒0.4克药丸，每只成鸡，每次2～3丸，每日2次，注意饮水供应充足。

【方剂三】黄芩10克、金银花30克、连翘40克、地榆炭20克、蒲公英10克、紫花地丁20克、射干10克、紫菀10克、甘草30克。水煎2次，混合煎液，供100只鸡饮用，每天1剂，连用4～6天。

【方剂四】生巴豆、龙胆草、甘草各等份。龙胆草、甘草研细末，巴豆捣烂，三药混合略加米糊混合为丸，晒干备用。每只鸡每次服1～2丸，每日2次，共2～3日。

【方剂五】生甘草10克、明矾5克。先取甘草用热开水半杯（约50克）浸泡，凉后滤去渣，加入研细的明矾待溶，每日3次灌服（本方为10只鸡用量）。

【方剂源流】《畜禽病土偏方疗法》

【方剂六】巴豆。

用法：将巴豆去壳，研碎，混合适量蜜糖和肥猪菜（广州中药厂生产），拌入米饭内喂鸡。用于预防：一粒巴豆可喂6～7只鸡。用于治疗：一粒巴豆可喂2～3只鸡。服药后即排黑粪，不久即愈。

【方剂源流】《兽医本草拾遗》

【方剂七】千里光、蒲公英、黄柏、黄连、白头翁、艾叶、金银花、穿心莲、信石、青蒿、青黛共11味，各等份。

用法：将木炭点燃后放于厚铁板或厚底铁锅，将药粉放入。最上面 1/5 用水湿拌，盖上边一层。每立方米 10～15 克，一次性熏蒸使用。

【方剂源流】胡元亮《中兽医验方与妙用》

【方剂八】土黄连 4 份，山豆根 6 份，绿豆 8 份，仙人掌或仙人球 4 份（除皮打碎），小苏打和雄黄 1 份。

用法：研碎，混匀，拌料，成鸡每天喂 2～4 克，小鸡减半。

预防时机：此方用于预防鸡新城疫。对已感染的鸡群，用此药掺面粉制成蚕豆大小的药丸，每只鸡早晚各 2～3 丸，连喂 3 天即见效。

【方剂九】0.5 千克生石灰，加水 5 千克调匀，滤去渣，泡米 2.5～4 千克，12 小时后捞起阴干喂鸡，保护率可达 90% 以上。

### 6. 治病方剂

【方剂源流】《中兽医防治禽病》

【方剂一】金银花 100 克、连翘 80 克、黄连 30 克、黄芩 80 克、板蓝根 100 克、前胡 60 克、百部 60 克、瓜蒌 80 克、穿心莲 100 克、桔梗 80 克、杏仁 50 克、陈皮 60 克、枇杷叶 100 克、甘草 30 克。

用法：水煎取汁，以红糖为引。幼雏每只 0.03～0.05 克，中雏每只 0.08～0.1 克，成鸡每只 0.15～0.2 克，拌料或饮服。

【方剂二】川贝母 150 克、栀子 200 克、桔梗 100 克、紫菀 300 克、桑白皮 250 克、石膏 150 克、瓜蒌 200 克、麻黄 250 克、板蓝根 400 克、金银花 100 克、黄芪 500 克、甘草 100 克、山豆根 200 克。

用法：水煎取汁，供 1 000 只产蛋鸡饮服，药渣均匀拌料。

【方剂三】麻黄 500 克、射干 500 克、干姜 500 克、紫苏子 50 克、细辛 150 克、半夏 500 克、甘草 300 克、杏仁 10 克、五味子 300 克。

用法：水煎取汁，供 3 000 只鸡饮服，日服 1 剂。

【方剂四】鲜伸筋草150克。

用法：洗净切碎，拌料饲喂，供100只鸡服用。

【方剂五】穿心莲20克、川贝10克、制半夏3克、杏仁10克、桔梗10克，金银花10克，甘草6克。

用法：共研细末，装入空心胶囊，成年鸡每次3～4颗。

【方剂六】巴豆、米壳、皂角各50克，雄黄20克，香附、鸦胆子各100克，鸡矢藤25克，韭菜（鲜）、钩吻（鲜）各250克，了哥王（鲜）1 000克，狼毒100克，血见愁（鲜）500克，共为末，按每千克体重用药1克，以少许白酒和红糖为引，加凉开水5毫升，调和灌服，每日3次。

【方剂七】金银花、连翘、板蓝根、蒲公英、青黛、甘草各120克（100只鸡1次用量）。水煎取汁，饮服，每天1剂，连用3～5天。

【方剂八】双花、连翘、板蓝根、蒲公英、青黛、甘草各120克，水煎取汁，100只鸡1次饮服，每日1剂，连用3～5天。

【方剂九】金银花、连翘、大青叶、板蓝根、黄连、黄芩各等份，研末，拌料。治疗本病，治愈率达92.4%。

【方剂十】巴豆10克、罂粟壳20克、雄黄6克、香附60克、鸦胆子30克、钩藤60克、了哥王30克、狼毒20克、血见愁20克，水煎，防治非典型新城疫效果较好。

【方剂源流】《中华人民共和国兽药典　二部》（2000年版）

【方剂十一】石膏120克、地黄30克、水牛角60克、黄连20克、栀子20克、牡丹皮20克、黄芩25克、赤芍25克、玄参25克、知母30克、连翘30克、桔梗25克、甘草15克、淡竹叶25克。

用法：鸡1～3克。

【方剂源流】《新编中兽医验方与妙用》

【方剂十二】肉桂150克、滑石50克、神曲120克、桂皮60克、川贝母60克、良姜60克、乌药30克、枳壳30克、巴豆 230 克、甘草 30 克、党参 30 克、车前子 25 克、朱砂 30 克、白蜡 30 克、蜈蚣 6 条、全蝎 4 条、生姜 100 克。

用法：将上述中药用纱布包好，加水 3 千克，放小麦（或高粱）10 千克，一起用文火煎熬，待小麦将药汁全部吸干，将小麦粒取出晾晒后，倒入 50°左右白酒 500 毫升和碾碎的土霉素 5 片搅拌均匀。每只鸡喂服药麦 100 克，小鸡适量减少。若鸡食欲废绝，可人工投喂。

【方剂十三】仙人掌 10 克、蛇床子 10 克。

用法：以上药物，用香油或猪油调匀，每天喂服 3 次。

治疗时机：本方适用于治疗新城疫初期病鸡。如未痊愈，再拌入绿豆粉和明矾粉，加仙人掌、蛇床子各 20 克，捣碎，拌匀，与冷水搅和成糊状，每天 3 次，每次 2 汤匙，连喂 1 周，即可痊愈。

【方剂十四】马兰草。

用法：捣烂后捏成拇指大的丸剂，每只鸡服 1 丸，仔鸡丸略小些。

备注：本方应使用新鲜的马兰草嫩尖。若加少量的满天星，效果更好。

【方剂十五】地鳖虫 20～25 只。

用法：每只鸡一次投喂。

治疗时机：本方在病初期使用有效，严重的每天早晚各喂 1 次，再喂鱼肝油粒效果更好。在新城疫流行时，也可用此方预防。

【方剂源流】《柴鸡安全生产技术指南》

【方剂十六】肌内注射板蓝根注射液：每只雏鸡 0.2 毫升，成鸡 0.5 毫升，同时在饮水中加入维生素 C，3 天后有所好转。

**7. 综合防治措施及注意事项**

（1）加强饲养管理　根据鸡群的生长发育特点和季节变化，适时调节鸡舍温度、湿度及通风换气，供给搭配合理的全价饲料，满足鸡群的营养需要，以增强抗病力，提高生产力。

（2）严格执行卫生防疫制度　搞好环境卫生，每隔 4 日定期消毒，实施全进全出的鸡群管理制度，鸡场和鸡舍严格执行出入消毒制度，禁止畜禽混养、飞鸟进入场区。

（3）建立科学合理的免疫程序　在了解种鸡健康和免疫状态的情况下，制订适合本场的科学、合理的免疫程序，严格按照免疫程序进行预防接种。

①种鸡和蛋鸡：8～10 日龄用Ⅳ系或Ⅱ系苗、克隆 30 疫苗，滴鼻、点眼或大雾滴喷雾免疫，同时皮下注射 0.5 毫升油乳剂灭活苗。

当抗体监测到鸡群中出现 $4\log_2$ 以下的鸡时，再用Ⅳ系或Ⅱ系、克隆 30 疫苗进行喷雾。

120～140 日龄用油乳剂灭活苗肌内注射或皮下注射 0.5 毫升。

没有监测条件的小鸡场、个体专业户养鸡场，可采用下列免疫程序。

7～10 日龄用Ⅳ系或Ⅰ苗滴鼻、点眼或大雾滴喷雾免疫。

5～30 日龄重复一次。

60 日龄用Ⅰ系苗肌内注射。

120～140 日龄用Ⅰ系苗或油乳剂灭活苗注射。

160 天后种鸡每隔 2 个月，蛋鸡每隔 6 个月用鸡新城疫油剂苗肌内注射。

②肉鸡：7～10 日龄用弱毒苗Ⅱ系或Ⅳ系滴鼻、点眼或大雾滴喷雾免疫。如同时皮下注射 0.25 毫升油乳剂灭活苗，效果更好。

25～30 日龄用弱毒苗再重复免疫一次。

（4）认真执行免疫操作规程　进行疫苗接种时，一定按照操作规程做，特别是新城疫弱毒苗给雏鸡滴鼻、喷雾时，要保证每只鸡都吸入疫苗。尽量不采用饮水免疫，如采用饮水免疫，必须在免疫前停水，要保证足够的时间，至少达到 2 小时。疫苗质量和用量要慎重掌握，有效地使用好疫苗，可提高免疫效果。

（5）预防接种期间禁止用药　接种疫苗是强制性提高鸡群的抗体效价，疫苗和药物不能同时使用，接种疫苗期间也不要消毒。尽量减少应激和干扰，保证免疫接种有效。

（6）鸡传染性法氏囊病、鸡马立克病、鸡白痢病、鸡慢性呼吸道病等都可损伤鸡体免疫器官，影响免疫功能发挥，故应在发生此类疾病时注意防范其他病的继发。

## 二、禽流感

**1. 病原**　禽流感病毒属正黏病毒科流感病毒属的成员。

**2. 流行病学**

（1）发病季节　一年四季都可发生，但以冬、春季多发。

（2）发病年龄　各种年龄的鸡均可感染。

（3）传播途径　感染的鸡可以通过呼吸道、眼结膜和粪便排出病毒。感染初期的排毒量很大。粪便污染的用具和物品可传播病毒；水禽和野鸟都能传播（带毒、排毒、污染水源）禽流感病毒；本病也可通过空气传播。

**3. 临床症状**　禽流感临床表现与禽种类、日龄、感染病毒的亚型及其致病力、环境、并发或继发感染有关。症状多见呼吸道、消化道、生殖道及神经系统症状。

一般症状：体温升高，精神沉郁，饮食欲降低，消瘦，流泪，羽毛松乱，身体蜷曲，头部和颜面水肿，皮肤发绀（鸡冠和肉垂水肿、发绀）。

呼吸道症状：咳嗽，打喷嚏，啰音，呼吸困难，感染鸡群严重下痢。

生殖道：产蛋量下降，下降幅度不等，30%～50%，甚至更高。

（1）高致病性禽流感（急性禽流感）　主要表现为突然发病，体温升高（43℃以上），精神高度沉郁，食欲减少或废绝，产蛋减少，羽毛蓬松，头和面部水肿，冠和肉髯发绀等。大批死亡，致死率可高达50%～100%。

（2）低致病性禽流感（温和性禽流感）　主要以呼吸道症状为主，如体温升高，咳嗽、喷嚏、啰音、呼吸困难。死亡率随继发症的轻重而变化。

**4. 病理变化**　高致病力毒株感染的病理变化：突然死亡和高死亡率；组织器官的出血和坏死，如胸肌、腿部肌肉出血；心脏、腺胃、肌胃、肠、肾脏出血。

低致病力毒株感染的病理变化：种蛋的受精率和孵化率均会下降；肺充血、水肿；气管炎，口腔和气管内有分泌物，气囊炎；肌胃与腺胃交界处的乳头及黏膜出血；肠炎，肠黏膜充血与出血；卵巢退化、出血和卵子破裂；输卵管炎，蛋黄性腹膜炎；肾脏肿大，尿酸盐沉积。

**5. 防病方剂**

【方剂源流】《中兽医防治禽病》

【方剂一】柴胡、陈皮、双花各10克。煎水灌服。根据鸡体重，本方剂为5～8只一次用量。笔者认为应连服5～7日，为一疗程。

预防时机：每年早春或晚秋使用。

【方剂二】石榴皮15克、鱼腥草15克、贯众10克、松针粉5克、连翘10克。以上是100只1天预防量。研末过20目筛后拌料，也可用开水泡2小时，上清液饮水，药均匀拌料喂之。

【方剂三】金银花120克、连翘120克、板蓝根120克、蒲公英120克、青黛120克、甘草20克。水煎取汁。此方为100只禽1次用量。每日1剂，连服3～5剂。

【方剂四】柴胡100克、陈皮10克、双花10克。煎成药液，此量为5～8只鸡一次用量。每日1剂，连服3～5剂。

【方剂五】板蓝根50克、贯众50克、藿香50克、滑石（单包装）25克、甘草15克。水煎取汁饮服，或研末过20目筛后拌料喂服。每只成鸡1～3克。

预防时机：早春、晚秋或临近场鸡发病时，立刻用于预防。

【方剂六】黄芪60克、当归30克、黄芩30克、石韦30克、蒲公英 50 克、茵陈 30 克、苦参 30 克、草河车（七叶一枝花）35 克。水煎取汁饮服，或研末过 20 目筛拌料喂服。每只鸡预防量每日 2 克。连服 3 剂。

预防时机：早春、晚秋或临近场鸡发病时，立刻用于预防。

【方剂七】祛感散。

制作方法：将香油注入热锅，油滚微烟出锅；然后放入蜂蜜，蜜已起泡沫，之后将干姜倒入，用木铲像炒菜一样把干姜翻动。此时热锅内干姜焙酱黄色，出锅阴干。最后，把姜粉碎拌料喂服。每只鸡每日喂 3 克，连喂 5～7 天，为一个疗程。

预防时机：华北地区每年 3 月中旬开始。根据笔者于 2004、2005、2006 年春季对饲养的中华宫廷黄鸡进行试验研究发现，距本场 500 米其他鸡场发生禽流感，而本场安然无恙。

**6. 治病方剂**

【方剂源流】《中兽医防治禽病》

【方剂一】大青叶 9.3％、连翘 7.0％、黄芩 7.0％、菊花 4.6％、牛蒡子 7.0％、百部 4.6％、杏仁 4.6％、桂枝 4.6％、黄柏 7.0％、鱼腥草 9.3％、石膏 14.0％、知母 7.0％、款冬花 7.0％、山豆根 7.0％。

【方剂二】大黄 10.6％、黄芩 10.6％、板蓝根 10.6％、地榆 10.6％、槟榔 10.6％、栀子 5.2％、松枝粉 5.2％、生石膏 5.2％、知母 5.2％、藿香 5.2％、黄芪 10.6％、秦艽 5.2％、芒硝 5.2％。

【方剂三】金银花、连翘、板蓝根、蒲公英、青黛、甘草，各等份。

【方剂四】柴胡、陈皮、双花，各等份。

【方剂五】板蓝根 18.4％、忍冬藤 18.4％、草河车 11.2％、山豆根 11.2％、鱼腥草 18.4％、青蒿 11.2％、苍术 11.2％。

【方剂六】板蓝根 21.2％、大青叶 21.2％、野菊花 12.8％、草河车 12.8％、贯众 12.8％、陈皮 12.8％、甘草 6.4％。

【方剂七】板蓝根 20.8％、贯众 20.8％、葛根 20.8％、藿

香 20.8％、滑石（单包）10.4％、甘草 6.4％。

【方剂八】黄芪 15.3％、黄芩 7.7％、穿心莲 7.7％、败酱草 7.7％、仙鹤草 8.9％、石韦 7.7％、蒲公英 12.8％、茵陈 7.7％、苦参 7.7％、草河车 8.9％、当归 7.9％。

【方剂九】银翘散：金银花 60 克、连翘 45 克、薄荷 30 克、荆芥 30 克、淡豆豉 30 克、牛蒡子 45 克、桔梗 25 克、淡竹叶 20 克、甘草 20 克、芦根 30 克。

用法：以上 10 味，粉碎，过筛，混匀，即得。鸡 1～3 克。

【方剂十】苏子 60 克、制半夏 30 克、前胡 45 克、厚朴 30 克、陈皮 45 克、肉桂 15 克、当归 45 克、生姜 10 克、炙甘草 15 克。

用法：共研为末，开水冲服，或水煎服。编者经验：幼雏 1 克、中雏 2 克，成鸡 3～5 克。

【方剂源流】《中兽医验方与妙用》

【方剂十一】荆芥 80 克，防风 50 克，柴胡 50 克，枳壳 50 克，茯苓 50 克，桔梗 50 克，川芎 80 克，薄荷 80 克，甘草 80 克，三仙（神曲、山楂、麦芽）各 50 克。

用法：共为细末，供 100 只鸡拌料 3 天饲喂。

【方剂十二】柴胡 50 克、知母 50 克、金银花 50 克、连翘 50 克、莱菔子 50 克。

用法：煎汤 1 000 毫升，拌料，分早、晚两次喂服，20 只鸡用量，每天 1 剂。

【方剂十三】杏仁 4 克、防风 18 克、贝母 90 克、麻黄 18 克、生姜 30 克。

用法：加水 2.5～3.0 升，煎汤供 300 只雏鸡每天分 2 次服完。

**7. 综合防治措施及注意事项** 健全生物安全管理措施，加强生物安全管理。

（1）引进种鸡、种蛋或雏鸡时，一定要从无污染禽流感病毒的鸡场引进。

（2）饲养场地应尽量与外界隔离，减少人员流动，谢绝外来人员参观。

（3）鸡舍的门窗要设立隔离网，严防野鸟从门、窗进入鸡舍；还要注意防范鸡的饮水和饲料被野鸟粪便污染。

（4）养殖场门口和鸡舍门口要设立消毒池，对来往车辆或人员要进行严格消毒，以减少禽流感病毒经车辆轮胎或人员的鞋传播。

（5）饲养人员进入鸡舍前一定要经过严格的消毒、更衣，工作服应每天用消毒液浸泡、清洗。

（6）平时要加强对养殖场场地、鸡舍、门窗、笼具、垫料的清洁卫生并通风，周围环境要定期严格消毒，并定期进行带鸡消毒。

（7）鸡、鸭、鹅、猪等畜禽不能混养。

（8）做好灭鼠、灭虫工作。

（9）加强对粪便的消毒处理，必须将粪便发酵后才可作为肥料施入田地。

（10）应将死亡鸡做无害化处理。

（11）要了解高致病性禽流感的一些症状。如果发现柴鸡出现不明原因死亡，尤其是接种过新城疫疫苗的鸡突然发病，在短时间内不吃食，体温迅速升高，无精打采，鸡冠与肉垂水肿、出血，伴有大批死亡，应该怀疑柴鸡感染高致病性禽流感。

（12）要加大免疫力度，提高免疫密度。高致病性禽流感传播快、死亡率高，及时给家禽接种疫苗，可防止禽流感发生。要认准农业部批准的定点企业生产的疫苗，切记不要从市场上去购买假劣疫苗。应按照规范的免疫程序接种疫苗，以提供鸡体抵抗力。35 日龄禽流感 H5 或 H9 亚型疫苗肌内注射；105 日龄用禽流感 H5N1 亚型疫苗肌内注射。

## 三、鸡马立克病

**1. 病原**　病原体是马立克病毒，分类上属疱疹病毒科 $\alpha$ 疱疹病毒亚科，是细胞结合性病毒。

**2. 流行病学**

（1）发病季节　没有明显季节性。

（2）发病年龄　一般 2 周龄以内的雏鸡易感，2～4 月龄鸡出现临床症状。

（3）传播途径　病鸡和带毒鸡是最主要的传染源。柴鸡直接或间接接触感染，感染鸡不断排毒和病毒对外界的抵抗力强是造成该病流行的原因。

**3. 临床症状**　根据肿瘤发生部位不同，分为以下类型。

（1）神经型　由于病毒侵害坐骨神经，开始表现部分麻痹或者全身麻痹，不能站立，出现犬卧姿势，一肢或两肢麻痹，翅下垂，步态不稳，有时呈劈叉姿势；还有的病鸡出现低头、伸颈、歪颈或嗉囊肿大、气喘等异常现象。

（2）内脏型　多呈急性暴发，群鸡出现鸡精神萎靡、蹲伏、共济失调和腹泻等症状，并表现脱水、消瘦和昏迷。

（3）眼型　出现单眼或双眼视力减退或失明，瞳孔变小，边缘不整齐，虹膜退色，从正常的黄色变为灰青色、浑浊；鸡冠和肉垂苍白，最后无法饮食，消瘦，死亡。

（4）皮肤型　颈部、两翅和其他部位的皮肤增厚，毛囊肿大，呈结节状和肿瘤，大小如黄豆和拇指，病鸡厌食，贫血消瘦。

**4. 病理变化**

（1）神经型　受损坐骨神经肿大增粗，有时可达正常神经的 2～3 倍，呈灰黄白色，少数病例见迷走神经增粗。

（2）内脏型　内脏器官肝、脾、肾明显肿大，形成淋巴性肿瘤结节，大理石斑纹；卵巢肿大，肉样变；腺胃肿大、壁厚，黏膜可融合成的大结节。

（3）皮肤型　有时可见表面淡褐色的结痂呈疥癣样，有时可见较大的肿瘤结节或硬块。

**5. 防治方剂**　该病预防主要依靠消毒和疫苗接种。以高温火焰消毒效果最好。对于马立克病，目前除鸡雏出壳 2 小时内注射疫苗外，没有特效治疗药。

【方剂源流】《中兽医防治禽病》

【方剂一】龙胆泻肝汤：龙胆（酒炒）45 克、黄芩（炒）30 克、栀子（酒炒）30 克、泽泻 30 克、木通 30 克、车前子 20 克、当归（酒炒）25 克、柴胡 30 克、甘草 15 克、生地（酒炒）30 克。

用法：水煎服。或为末，开水冲服，候温灌服。雏鸡 1～3 克（编者经验）。

【方剂二】赤桂五瘟散：板蓝根 250 克，金银花、连翘各 120 克，黄连、黄柏、官桂、赤石脂各 20 克，黄芩、（鲜）大蒜各 18 克，栀子、丹皮各 25 克，生地、赤芍、鱼腥草各 30 克，水牛角 15 克。

制法：粉碎拌匀，之后过 20 目筛混合均匀。

用法与用量：预防按 3％拌料，连 3 日，治疗按 5％拌料连用 5～7 日。

【方剂源流】《新编中兽医经》

【方剂三】扶正解毒汤：党参、黄芪、大青叶、黄芩、黄柏、柴胡、淫羊藿、金银花、连翘、黄连、泽泻各 3 克，甘草 1 克（每 10 只成鸡用量），煎汁，自饮或灌服，每两天 1 剂，连服 3 剂。

### 6. 综合防治措施及注意事项

（1）育雏室在进雏前应彻底清扫，用福尔马林、甲醛熏蒸消毒并空舍 1～2 周。

（2）育雏前期，尤其是前 2 周内最好采取封闭式饲养，以防马立克病野毒株早期感染。

（3）加强饲养管理，减少应激因素（如饲养密度过大、饲料发霉变质、鸡舍通风不良、饲料蛋白质水平低等），防止其他感染也是提高鸡体抵抗力的重要措施。

（4）逐步育成生产性能好、对马立克病抗病力强的品种或品系，对控制马立克病有重要意义。

（5）免疫　1日龄雏鸡接种马立克病疫苗。

## 四、鸡传染性支气管炎

**1. 病原**　传染性支气管炎病毒属冠状病毒科、冠状病毒属的代表种。

**2. 流行病学**

（1）发病季节　一年四季均可发生，但以冬季最为严重。

（2）发病年龄　各种年龄的鸡均可感染，雏鸡（7～35 日龄）和产蛋鸡发病率较多，雏鸡死亡率高。

（3）传播途径　通过呼吸道传染，但被病毒污染的蛋、饲料、饮水和用具也可传染。

**3. 临床症状**

（1）雏鸡呼吸困难，张口呼吸，咳嗽，流泪，打喷嚏，鼻有分泌物，甩头，呼吸时有"咕噜、咕噜"的特殊叫声（气管有啰音）。

（2）成年鸡产蛋量下降，产出软壳蛋、畸形蛋，蛋白稀薄，并伴有呼吸道症状。

（3）肾脏型传染性支气管炎，主要发生肾炎和肠炎，表现肾脏肿大并有大量尿酸盐蓄积，排出灰白色水样稀粪或白色淀粉样粪便，脱水严重等。

**4. 病理变化**　结膜炎，气管、支气管和鼻腔内有浆液性和黏性分泌物或干酪样渗出物。气囊混浊并有黄白色干酪样渗出物。产蛋鸡卵泡膜充血、出血，有时变形。输卵管缩短。肾型传染性支气管炎可见肾肿大、出血，表面呈槟榔状花斑肾，肾小管和输尿管因尿酸盐沉积而扩张，病情严重者，白色尿酸盐沉积可见于其他组织器官表面。

**5. 防病方剂**

【方剂源流】《中兽医防治禽病》

【方剂一】加味麻杏石甘汤：麻黄 300 克、大青叶 300 克、石膏 250 克、炙半夏 200 克、连翘 200 克、黄连 200 克、金银花 200 克、蒲公英 150 克、黄芩 150 克、杏仁 150 克、麦冬 150 克、桑白皮 150 克、菊花 100 克、桔梗 100 克、甘草 50 克（5 000 只雏鸡 1 日量）。水煎取汁，拌料喂服，连用 3～5 天。或每只雏鸡每天 0.5～0.6 克，开水浸 20～30 分钟后，拌料饲喂。

【方剂二】银翘参芪饮：金银花、连翘、板蓝根、大青叶、黄芩各 500 克，贝母、桔梗、党参、黄芪各 400 克，甘草 100 克，加水 15 千克，煎煮 20 分钟，取汁，按 1∶5 饮水，连用 3 天。

【方剂三】定喘汤：麻黄、大青叶各 300 克，石膏 250 克，制半夏、连翘、黄连、金银花各 200 克，蒲公英、黄芩、杏仁、麦门冬、桑白皮各 150 克，菊花、桔梗各 100 克，甘草 80 克，煎汤去渣，拌于 1 天的日粮中喂 5 000 只鸡。

【方剂四】（肾型传染性支气管炎）紫菀、细辛、大腹皮、龙胆草、甘草各 20 克，茯苓、车前子、五味子、泽泻各 40 克，大枣 30 克。研末，过筛，备用。每只鸡每日 0.5 克，早、晚两次饮用。

方法：将药放入搪瓷容器中，加入 20 倍药量的 100℃开水冲沏 15～20 分钟，再加入适量凉水。饮前断水 2～4 小时，2 小时内饮完，连续用药 4 天。

【方剂五】（肾型传染性支气管炎）鱼腥草、大青叶、连翘、蒲公英各 25 克，黄芩 20 克，黄连、桔梗、麻黄、甘草各 10 克，知母 8 克。

用法：本方为 20～30 日龄肉用仔鸡 100 只用量，临床可根据日龄、体重、病情酌情加减。煎汁饮水，每日 1 剂，连用 5 天。

【方剂六】生石膏粉 5 份，麻黄、杏仁、甘草、葶苈子各 1 份，鱼腥草 4 份。为末混饲，预防量每千克体重 2～3 克，治疗量每千克体重 3～4 克。

【方剂七】蜂窝草 600 克、穿心莲 500 克、三桠苦 500 克、黄葵 600 克。切碎水煎，取汁兑水，按 1：4 让鸡饮服。

【方剂八】（腺胃型传染性支气管炎）板蓝根 30 克、金银花 20 克、黄芪 30 克、枳壳 20 克、山豆根 30 克、厚朴 20 克、苍术 30 克、神曲 30 克、车前子 20 克、麦芽 30 克、山楂 30 克、甘草 20 克、龙胆草 20 克。水煎取汁，让 100 只鸡饮服。

**6. 治病方剂**

【方剂源流】《中药饲料添加剂》

【方剂一】百克宁：柴胡、荆芥、半夏、茯苓、甘草、贝母、桔梗、杏仁、玄参、赤芍、厚朴、陈皮各 30 克，细辛 6 克。

制法：将上药制成粗粉，过筛，混匀。

用法与用量：将药粉加沸水焖 30 分钟，取上清液，加适量水饮服。药渣拌料饲喂。剂量按每千克体重每日 1 克。也可直接拌料（不加沸水）。

【方剂源流】《中兽医防治禽病》

【方剂二】（呼吸型传染性支气管炎）知母 25 克、生石膏 50 克、金银花 35 克、连翘 50 克、山豆根 30 克、射干 25 克、桔梗 25 克、半夏 15 克、黄芩 40 克、生地 30 克、板蓝根 40 克、苏子 25 克、冬花 25 克、栀子 25 克、薄荷 20 克、陈皮 30 克、麻黄 13 克。100 只成鸡 1 日量，研细末，以 0.4％ 比例拌料饲喂。

【方剂三】（呼吸型传染性支气管炎）穿心莲 20 克，川贝、桔梗、杏仁、金银花各 10 克，炙半夏 3 克，甘草 6 克，研末装入空心胶囊，大鸡每次 3～4 粒，每天 3 次。

【方剂四】（肾型传染性支气管炎）紫菀、细辛、大腹皮、龙胆草、甘草各 20 克，茯苓、车前子、五味子、泽泻各 40 克，大枣 30 克，研末，过筛，按每只鸡每日 0.5 克，用 20 倍开水冲泡 15～20 分钟，再加入适量凉水，分早晚 2 次饮用（饮前断水 2～4 小时，2 小时内饮完），连续用药 4 天。

【方剂五】（肾型传染性支气管炎）鱼腥草、大青叶、连翘、蒲公英各 25 克，黄芩 20 克，黄连、桔梗、麻黄、甘草各 10 克，知母 8 克，100 只 20～30 日龄肉仔鸡用量。煎汁饮服，每日 1

剂，连用5日。

【方剂六】（肾型传染性支气管炎）车前子、黄芪、白头翁、金银花、连翘、板蓝根、桔梗各25克，麻黄6克，25日龄100只鸡1日用量。水煎取汁饮服，每日早晚各1次，连用3天。

【方剂七】（肾型传染性支气管炎）黄连40克、黄柏40克、知母30克、黄芩35克、猪苓30克、茯苓30克、苦参30克、甘草10克。

用法：以1％比例混料服用。

原方解：肾型传染性支气管炎临床主要表现为排白糊稀便，输尿管内有大量尿酸盐沉积。为湿热蕴结下焦、膀胱气化失利、排尿不畅、尿液受热煎熬，其中杂质化为沉积物。治宜清热解毒，降火利温。方中黄连、黄芩、黄柏大苦大寒，清热、泻三焦之火为君药；苦参清热燥湿，助君药以治肠炎，知母清热养阴助，黄芩清肺热，因肺与大肠相表里，共为臣药，以加强君药清热解毒、泻火燥湿之力；猪苓、茯苓利水，促使尿酸盐排出，甘草调和诸药为佐使；君臣佐使相需为用，临床效果十分明显。

【方剂八】麻杏石甘汤加减（呼吸型传染性支气管炎）麻黄500克、射干500克、干姜500克、紫苏子50克、细辛150克、半夏500克、甘草300克、杏仁10克、五味子300克。

用法：水煎取汁饮服，3 000只鸡用量。

【方剂九】（肾型传染性支气管炎）川贝母150克、栀子200克、桔梗100克、紫菀300克、桑白皮250克、石膏150克、瓜蒌200克、麻黄250克、板蓝根400克、金银花100克、黄芪500克、甘草100克、山豆根200克。

用法：水煎取汁，供1 000只蛋鸡饮服，药渣拌料。

【方剂十】鱼腥草25克、黄芩20克、黄连10克、桔梗10克、大青叶25克、连翘25克、甘草10克、知母8克、蒲公英25克、制麻黄10克。

用法：水煎取汁，供100只一日饮服。

【方剂十一】丝茅草根1 100克、大青叶1 000克、马鞭草

800 克、金银花藤 950 克、车前草 1 000 克、蒲公英 900 克、板蓝根 200 克、鱼腥草 1 000 克、穿心莲 200 克、去毛枇杷叶 850 克、淡竹叶 800 克、甘草 200 克。

用法：水煎取汁，1 000 只鸡 1 日药量，3 月龄鸡早、晚饮服，连用 3～5 日。

【方剂十二】板蓝根 1 500 克、白头翁 1 000 克、金银花 1 500 克、萹蓄 1 000 克、车前子 800 克、炒神曲 500 克、瞿麦 1 000 克、黄芪 1 000 克、炒苍术 500 克、山药 1 000 克、茵陈 1 000 克、甘草 1 000 克、木通 800 克。

用法：共研细末，等分 2 份，拌料喂服 2 400 只鸡；另取板蓝根 1 000 克煎水，供鸡自由饮服。

【方剂十三】（混合型）车前子 25 克、黄芪 25 克、白头翁 25 克、连翘 25 克、板蓝根 25 克、桔梗 25 克、金银花 25 克、麻黄 6 克。

用法：水煎取汁，25 日龄 100 只鸡 1 日药量，早、晚各饮服 1 次，连用 3 日。

【方剂十四】强力咳喘宁：板蓝根、荆芥、防风、山豆根、苏叶、甘草、地榆炭、炙杏仁、紫菀、川贝、苍术等按一定比例配制。

用法：取 1～2 克，拌于饲料中饲喂，每日 1 次。对病情严重者，用开水沏药，候凉，取药汁灌服，药渣拌料，连用 5 天。

【方剂源流】《中兽医验方与妙用》

【方剂十五】板蓝根 250 克、大青叶 100 克、鱼腥草 20 克、穿心莲 200 克、黄芩 250 克、蒲公英 200 克、金银花 50 克、地榆 100 克、薄荷 50 克、甘草 50 克。

用法：水煎取汁或开水浸泡拌料，供 1 000 只鸡 1 天饮服，每天 1 剂。

应用：本方对呼吸型和肾型传染性支气管炎都有良好效果。如病鸡痰多、咳嗽，可加半夏、桔梗、桑白皮；粪稀，加白头翁；粪干，加大黄；喉头肿痛，加射干、山豆根、牛蒡子；热象重，加石膏、玄参。

【方剂十六】金银花 150 克，连翘 200 克，板蓝根 200 克，五倍子 100 克，秦皮、白茅根各 200 克，麻黄、款冬花、桔梗、甘草各 100 克。

用法：水煎 2 次，合并煎液，供 1 500 只鸡上、下午各一次饮服。每天 1 剂。

【方剂十七】（射干麻黄汤）射干 6 克、麻黄 9 克、生姜 9 克、细辛 3 克、紫菀 6 克、款冬花 6 克、大枣 3 枚、半夏 9 克、五味子 3 克。

用法与用量：加水 12 千克，麻黄先煮两沸，再加余药，煮取 3 千克，分 4 次给 100 只鸡饮服。

应用：用此方治疗病鸡有呼吸急促、伸颈、张口呼吸、喉中有鸣声、咳嗽、鼻腔中少有分泌物、昏睡、怕冷等症状者，有良好的效果。

【方剂十八】（定喘汤）白果 9 克（去壳砸碎炒黄）、麻黄 9 克、苏子 6 克、甘草 3 克、款冬花 9 克、杏仁 9 克、桑白皮 9 克、黄芩 6 克、半夏 9 克。

用法与用量：加水煎汁，供 100 羽鸡 2 次饮用。

应用：用此方治疗病鸡有呼吸气粗、鼻腔中有分泌物、不怕冷、面赤等症状者。

【方剂十九】金银花 15 克、连翘 3 克、板蓝根 3 克。

用法与用量：水煎成 150 毫升，一次喷雾，每天上午、下午各 1 次。

【方剂二十】鲜伸筋草 150 克。

用法与用量：洗净切细，拌料喂 100 只 14 日龄病雏。干品减半，水煎取汁饮用。

【方剂二十一】（肾型传染性支气管炎）车前子、白头翁、黄芪、金银花、连翘、板蓝根、桔梗各 200 克，麻黄 80 克。

用法与用量：水煎，供 1 000 只鸡早、晚各一次饮服，连用 3～5 天。

【方剂二十二】（肾型传染性支气管炎）板蓝根、金银花各250克，白头翁、萹蓄、黄芪、山药、茵陈、甘草各170克，车前子、木通各140克，炒神曲、炒苍术各80克。

用法与用量：研末，供1 000只鸡1日拌料喂服，连用5天。

【方剂源流】《新编中兽医经》

【方剂二十三】板蓝根50克，连翘50克（300只鸡用量），水煎两次，混合，每日喷雾2次，连用3天。

【方剂源流】《中兽医方剂精华》

【方剂二十四】（银翘蓝根煎）（肾型传染性支气管炎）金银花15克，连翘、板蓝根、秦皮、白茅根各20克，车前子15克，麻黄、冬花、桔梗、甘草各10克。

用法与用量：煎汤取汁饮服，按每日每只鸡1克生药计，连用3天。

【方剂二十五】（参芪蓝根煎）（肾型传染性支气管炎）党参、黄芪、金银花、连翘各10克，板蓝根、鱼腥草各20克，黄柏、龙胆、茯苓各10克，车前子、金钱草、枇杷叶各15克，山楂、麦芽、甘草各10克。

用法与用量：煎汤取汁饮服，按每日每只鸡2克生药计，连用3天。

【方剂源流】《柴鸡安全生产技术指南》

【方剂二十六】夏枯草69克、黄芩69克、半夏69克、茯苓69克、贯众69克、白花蛇舌草69克、金银花69克、甘草69克、贝母69克、桔梗69克、杏仁69克、玄参69克、赤芍69克、厚朴69克、陈皮69可、细辛50克。

用法与用量：将上述药粉碎，水煎，取煎液饮服（约400只鸡的量），药渣拌料，用药1～2天，治愈率达95%以上。

【方剂源流】《畜禽病土偏方疗法》

【方剂二十七】苍术150克、黑豆100克、炙石决明50克、桔红35克、紫草根10克、贯众55克、大青叶50克、兔玉蒿50克。

用法：共研为极细末，5 月龄的小鸡每天 1～2 克，分早晚 2 次拌料喂服，连用 7～10 天，预防量减半。

【方剂二十八】伸筋草，体重与药量比（鲜品）为 50∶1，干品为 100∶1。

用法：用水煎汁，给患鸡饮用，重症鸡每天灌服 2～3 次，连用 2～3 天。

【方剂源流】《中兽医方剂辨证应用及解析》

【方剂二十九】银翘参芪饮：金银花 500 克、连翘 500 克、板蓝根 500 克、大青叶 500 克、黄芩 500 克、贝母 400 克、桔梗 400 克、党参 400 克、甘草 100 克组方，加水 15 千克，煎煮 20 分钟，取汁，按 1∶5 饮水，连用 3 天。

**7. 综合防治措施及注意事项**

（1）本病防治应考虑防止病原入侵鸡群，减少诱发因素和提高鸡的免疫力。

（2）鸡传染性支气管炎病毒对外界抵抗力弱，媒介物的传播作用也不重要，故一般的鸡场消毒、鸡舍合理的空栏，对防治本病都有效。最主要的是防止感染鸡进入鸡群。

（3）鸡受冷、鸡舍氨气浓度高、疫苗接种的应激作用、维生素 A 的缺乏等均可诱发本病。

（4）鸡饲料中蛋白质过多、磺胺类药物过量可以增加鸡的肾脏负担，对肾型鸡传染性支气管炎有加剧作用。

（5）对肾型传染性支气管炎可用维持钾、钠离子平衡的药物，以减轻肾脏负担，使死亡减少。

（6）免疫接种，14 日龄用 H120 疫苗，52 日龄用 H52 疫苗。

# 五、传染性喉气管炎

**1. 病原**　传染性喉气管炎病毒属疱疹病毒Ⅰ型，病毒核酸为双股 DNA。

**2. 流行病学**

（1）发病季节　春、秋、冬季均见发病。

（2）发病年龄　该病主要发生于 4～10 月龄的成年鸡，传播快，发病率高，继发感染时死亡率较高。

（3）传播途径　常见经呼吸道和眼传染。

**3. 临床症状**　病鸡初期有半透明状鼻液，眼睛流泪，并伴有结膜炎，精神沉郁，食欲不振；随后出现呼吸时向上向前、伸颈张口呼吸并伴有湿啰音和喘鸣声，后期呼吸高度困难、咳嗽、甩头，咳嗽严重时，可咳出带血的黏液或血凝块，病鸡多因为窒息而死亡。蛋鸡产蛋严重下降。

**4. 病理变化**　喉头出血，气管黏液增多，气管内有血样渗出物，有时为假膜，假膜易剥离。鼻腔有分泌物。比较缓和的病例，仅见结膜和窦内上皮水肿及出血。

**5. 防病方剂**

【方剂源流】《中兽医防治禽病》

【方剂一】牛蒡子 120 克、浙贝母 120 克、玄参 300 克、芦根 300 克、马兜铃 350 克、大青叶 350 克、射干 300 克、桔梗 180 克、板蓝根 350 克、牛膝 350 克、紫草 180 克、瓜蒌 350 克。水煎取汁，供 3 000 羽 500 克的鸡饮服。根据鸡体重大小，酌情定量。

预防时机：晚秋。

【方剂二】板蓝根 30 克、金银花 15 克、连翘 5 克、桔梗 10 克、败酱草 30 克、生甘草 5 克。水煎浓汁候温，每只鸡每次口服 10 毫升，每日 2 次。

预防时机：晚秋。

【方剂三】麻黄、知母、贝母、黄连各 30 克，桔梗、陈皮各 25 克，紫苏、杏仁、百部、薄荷、桂枝各 20 克，甘草 25 克，水煎 3 次，合并 3 次药液，供 100 只鸡饮用，加于水中饮用，每日 1 剂，连用 3 天。治愈率达 98%，预防保护率 100%。

预防时机：晚秋。

【方剂四】金银花、连翘、板蓝根各 15 克，芦根、玄参、薄荷、桔梗各 10 克，穿心莲、山豆根各 12 克，甘草 6 克。为末，成年鸡每只2～3克，每日2次；小鸡每只1～2克，每日2次。

预防时机：晚秋。

【方剂五】金银花、连翘、板蓝根、黄连、黄芩、穿心莲、前胡、百部、枇杷叶、瓜蒌、桔梗、杏仁、陈皮、甘草，雏鸡每只单味药用量0.03～0.05克，中鸡每只单味量0.08～0.1克，成鸡每只单味药用量0.15～0.2克。先冷水浸泡，再文火煮沸15～20分钟，取汁加红糖少许饮服，一般3～5剂即可。

预防时机：晚秋。

【方剂六】山豆根、青黛、板蓝根、紫菀、冬花、桔梗、荆芥、防风、冰片、生硼砂、杏仁，雏鸡每只单味药用量0.03～0.05克，中鸡每只单味药用量为0.08～0.1克，成鸡每只单味药用量为0.15～0.2克。共为末，拌料喂服或水煎灌服。

预防时机：晚秋。

【方剂七】川贝母150克、栀子200克、桔梗100克、桑皮250克、紫菀300克、石膏150克、板蓝根400克、瓜蒌200克、麻黄250克、山豆根200克、金银花100克、黄芪500克、甘草100克。以上为1 000只产蛋鸡1剂用量，加水煎服3～4天后，药渣拌料喂鸡，1～2天一剂，连用2剂。70日龄蛋鸡用1/2量，30日龄用1/4量。

预防时机：晚秋。

【方剂八】银蓝汤：金银花100克、板蓝根100克、连翘50克、蒲公英45克、地生45克、桔梗30克、射干30克、生甘草20克。

制法：上药共研细末，或水煎取汁。

用法与用量：上方为100只成鸡1天药量，即每天每只平均4.2g，中雏减半。使用粉剂可按每只鸡每天4～5克的药量拌料喂服，每天1次，连用1～3天。也可煎汁拌料或饮服。病重鸡每只滴眼煎汁10毫升。

## 6. 治病方剂

【方剂源流】《中华人民共和国兽药典　二部》（2000版）

【方剂一】喉炎净散：板蓝根 840 克、蟾酥 80 克、合成牛黄 60 克、胆膏 120 克、甘草 40 克、青黛 24 克、玄明粉 40 克、冰片 28 克、雄黄 90 克。

制法：以上 9 味，取蟾酥加倍量白酒，拌匀，放置 24 小时，挥发去酒，干燥得制蟾酥；取雄黄水或粉碎成极细粉；其余板蓝根等 7 味共粉碎成粉末，过筛，混匀，再与蟾酥、雄黄配研，即得。

用法与用量：鸡 0.05～0.15 克。

【方剂二】镇喘散：香附、干姜各 30 克，黄连 20 克，桔梗 15 克，山豆根、甘草各 10 克，明矾 5 克，皂角、合成牛黄各 14 克，蟾酥、雄黄各 3 克。

制法：共混粉碎为细末。

用法与用量：每日饲料中添加 0.5～1.5 克，至痊愈为止。

【方剂源流】《中兽医防治禽病》

【方剂三】清肺散加减：知母、桑白皮、黄芩各 160 克，杏仁、苏子各 150 克，半夏 130 克，前胡、木香、牛蒡子、麻黄各 120 克，甘草 75 克，煎汁，供 500 只鸡 1 天饮用。

【方剂四】清咽利膈散加减：猪胆汁 100 毫升，山豆根、射干、牛蒡子、地榆、血余炭各 50 克，玄参、麦冬、板蓝根、紫苏子、桔梗各 30 克。诸药研成细粉与猪胆汁充分拌匀，置阴凉处晾干，每次成鸡 0.3～0.5 克、雏鸡 0.1～0.2 克，吹入喉中。

【方剂五】银蓝汤：金银花 30 克，板蓝根 100 克，连翘、蒲公英各 49 克，地丁 45 克，桔梗 30 克，射干 30 克，生甘草 20 克。100 只鸡 1 天用量，中雏减量。共研细末或水煎取汁，拌料或饮服，每天 1 次，连用 1～3 天。

【方剂六】银翘散加减：金银花 30 克、连翘 30 克、贯众 30 克、板蓝根 30 克、桔梗 18 克、牛蒡子 18 克、薄荷 18 克、荆芥穗 18 克、淡豆豉 15 克、芦根 18 克、甘草 12 克。共研细末，轻病者每次 1～2 克，拌料饲喂或做成药丸投喂，每日 2 次；病重者每次 3～4 克，水煎或开水冲调，用滴管灌服，每日 3 次，3

日为1个疗程。

【方剂七】喉疾散：山豆根20克、板蓝根20克、桔梗10克、连翘20克、天花粉10克、干蟾5克、雄黄5克、玄参10克。共研细末，每只鸡每日0.5克，连用3日。

【方剂八】知母25克，石膏25克，双花35克，连翘30克，豆根、射干、桔梗、栀子、苏子、款冬花各25克，生地、陈皮各30克，半夏、麻黄各13克，板蓝根40克。为100只成鸡1天用量，共为末，水煎1小时，连渣带汁拌料，每天分早、晚两次喂服，连用3天。

【方剂九】石膏5份，麻黄、杏仁、甘草、桔梗、葶苈子、山豆根、牛蒡子各1份，鱼腥草3份。为末，按4%拌料混饲，连用3天；或水煎，按每千克体重每天3～4克生药，取汁加入饮水中混饮。

【方剂十】紫草900克、龙胆草（或龙胆末）500克、白矾100克，供900只鸡服用。先将紫草浸泡20分钟后再文火煎煮1小时，滤汁再加龙胆草、白矾文火煮20分钟，取汁饮服。每天1剂，连用4天。

【方剂十一】穿心莲12克、玄参10克、薄荷10克、桔梗10克、山豆根12克、甘草6克。

用法：共为细末，成鸡每只2～3克，幼鸡每只1～2克，每日2次。

【方剂十二】牛蒡子120克、浙贝母120克、玄参300克、芦根300克、马兜铃350克、大青叶350克、射干300克、桔梗180克、板蓝根350克、牛膝350克、紫草180克、瓜蒌350克。

用法：水煎取汁，供3 000只体重500克的鸡饮服。

【方剂十三】枇杷叶250克、知母350克、射干250克、桔梗250克、板蓝根400克、麻黄150克、半夏150克、陈皮300克、杏仁200克、党参200克、黄连200克、黄柏200克、黄芩200克、甘草150克。

用法：共为细末，按每日每只鸡 3 克拌料喂服，连用 5～7 日。

【方剂十四】黄连 100 克、黄柏油 00 克、苍术 100 克、甘草 100 克、紫苏叶 100 克。

用法：水煎取汁，供 100 只鸡饮服。

【方剂十五】芩麦散：黄芩 100 克、桔梗 80 克、麦冬 120 克、甘草 60 克、牛蒡子 140 克、射干 80 克、板蓝根 240 克、花粉 60 克、白芍 120 克，粉碎过 80 目筛，按 1.5% 的比例均匀拌在饲料中，让鸡自由采食，为重病鸡不能采食者可灌服煎液，按每千克体重生药 2 克，连用 5 天。

【方剂十六】矮地茶、野菊花、枇杷叶、冬桑叶、扁柏叶、青木香、山荆芥、皂角刺、陈皮、甘草各 20 克，混合煎水，取汁拌料或饮服，成鸡每只 5 克，小鸡减半；如为鲜品则药量加倍。

【方剂十七】麻黄、杏仁、厚朴、陈皮、甘草各 1 份，苏子、半夏、前胡、桑皮、青木香各 2 份。煎煮取汁拌料或饮服，每只鸡平均服用干药 5 克，雏鸡减半。

【方剂十八】玄参 10 克、桔梗 6 克、牛蒡子 10 克、浙贝母 10 克、射干 10 克、马兜铃 12 克、瓜蒌 10 克、大青叶 10 克、板蓝根 10 克、芦根 10 克、牛膝 12 克、紫草 6 克。以上药研末混料，成鸡每日 3 克，雏鸡 1 克。

【方剂十九】中草药治疗与疫苗注射相结合：先以止咳祛痰、清热解毒、平喘消肿为治则，采用中草药方剂：板蓝根 100 克、大青叶 100 克、蒲公英 60 克、荆芥 100 克、防风 100 克、桔梗 60 克、杏仁 60 克、远志 60 克、麻黄 60 克、山豆根 60 克、白芷 60 克、甘草 40 克，煎汁过滤，加食用白糖 50 克，维生素 C 800 毫克（体重 1.5 千克左右的鸡 200 只 1 天用量，小鸡可减半），早、晚各 1 次饮服，药渣研末拌料，每天 1 剂，连用 2～5 剂。用药第 2 天，症状减轻或消失。之后，注射鸡传染性喉气管炎疫苗。同时采取加强饲养管理等措施。

【方剂二十】穿心莲 3 份，山豆根 3 份，连翘 2 份，金银花 2 份。

用法：共为细末，拌料喂服，每只鸡每日 3～6 克，分 2 次投服。

【方剂二十一】牛蒡子 10 克、浙贝母 10 克、玄参 10 克、桔梗 6 克、马兜铃 12 克、瓜蒌壳 10 克、射干 10 克、芦竹根 10 克、大青叶 10 克、板蓝根 10 克、牛膝 12 克、紫草 6 克。

用法：水煎取汁，供 50 只鸡自由饮服。

【方剂二十二】石决明散：石决明 50 克、大黄 50 克、黄芪 50 克、黄芩 50 克、草决明 30 克、栀子 50 克、没药 30 克、郁金 30 克、黄药子 30 克、龙胆草 20 克、菊花 20 克、甘草 15 克、白药子 30 克。

用法：水煎取汁，供 500 只鸡自饮。适用眼结膜型传染性喉气管炎。

【方剂源流】《中兽医验方与妙用》

【方剂二十三】黄连 30 克、黄柏 30 克、黄芪 20 克、板蓝根 30 克、大青叶 40 克、穿心莲 50 克、甘草 50 克、桔梗 50 克、杏仁 60 克、麻黄 50 克。

用法与用量：混匀粉碎，过 80 目筛，按每只每次 1.5 克拌料喂服或投服，每天 2 次。

【方剂二十四】金银花 80 克、连翘 80 克、板蓝根 80 克、蒲公英 45 克、紫花地丁 45 克、射干 30 克、山豆根 30 克、麻黄 35 克、杏仁 35 克、桔梗 30 克、甘草 30 克。

用法与用量：水煎取汁 1 000 毫升供 100 只鸡饮用，每天 1 次，连用 1～3 天。病重者用滴管灌服。

【方剂二十五】麻黄、半夏、苏子、前胡、桑皮、杏仁、厚朴、木香、陈皮、甘草各 60 克。

用法与用量：以上药物水煎取汁，供 2 000 只鸡自由饮用，连用 3～4 天。

【方剂二十六】清肺散加减（气喘型传染性喉气管炎）：知

母、桑白皮、黄芩各 160 克，杏仁、苏子各 150 克，半夏 130 克，前胡、木香、牛蒡子、麻黄各 120 克，甘草 75 克。

用法与用量：以上药物水煎取汁，供 500 只鸡 1 天饮用。

【方剂二十七】清咽利膈散加减（喉型病鸡）：猪胆汁 100 毫升，山豆根、射干、牛蒡子、地榆、血余炭各 50 克，玄参、板蓝根、紫苏子、桔梗各 30 克。

用法与用量：将以上药物研成细粉，加猪胆汁拌匀，阴干，装入棕色瓶中备用。用时取药粉吹入喉中，成鸡每只每次 0.3～0.5 克，雏鸡 0.1～0.2 克。

【方剂二十八】消喉散：猪胆汁 50 毫升，黄连、青黛、薄荷、僵蚕、白矾、朴硝各 15 克。

用法与用量：各药研细，拌入猪胆汁，混匀阴干，成鸡每次 0.2～0.4 克，1 月龄以下小鸡每次 0.1～0.2 克，用小竹片将药放入鸡喉头部位，每 6 小时用药一次。

【方剂二十九】板蓝根 300 克、大青叶 300 克、蒲公英 180 克、荆芥 300 克、防风 300 克、桔梗 180 克、远志 180 克、麻黄 180 克、山豆根 180 克、白芷 180 克、甘草 120 克。

用法与用量：煎汁，加食糖 150 克、维生素 C 2.4 克，供 800 只体重 1.5 千克左右的鸡早晚各 1 次饮服（小鸡减半），药渣研末拌料，每天 1 剂，连用 5 天。

**7. 综合防治措施及注意事项**

（1）加强饲养管理 注意鸡舍通风和清洁，设置合理的饲养密度，对鸡舍和用具要及时消毒。

（2）因为传染性喉气管炎病毒很容易被消毒剂和热灭活，所以搞好卫生消毒工作，保证鸡场的清洁卫生，是成功防治传染性喉气管炎的关键。

（3）鸡群发病后应严格消毒、隔离措施，两批鸡群之间应对鸡舍进行彻底清扫和消毒，可有效防止传染性喉气管炎，并辅以治疗，以防继发感染。

（4）传染性喉气管炎弱毒苗和传染性喉气管炎-鸡痘二联苗

均有一定的保护力，但反应较强烈。

（5）在没有本病流行地区最好不用弱毒疫苗免疫，更不能用自然强毒接种。

## 六、鸡传染性法氏囊病

**1. 病原**　传染性法氏囊病病毒属于双链 RNA 病毒科、禽双链 RNA 病毒属。

**2. 流行病学**

（1）发病季节　无明显季节性。

（2）发病年龄　各种品种鸡都能感染，高发日龄为 20～60 日龄，特别是在 30 日龄左右。突然发生，传播快。通常在感染后 3 天开始死亡，5～6 天达到高峰。发病率很高，死亡率一般为 20％～30％。有继发感染或混合感染时死亡率可超过 40％，高达 80％。免疫鸡群仍然发病。

（3）传播途径　本病毒可通过消化道、呼吸道黏膜感染。直接或间接接触传染。

**3. 临床症状**　潜伏期 2～3 天，易感鸡群感染后突然发病，采食量急剧下降，腹泻，排出米汤样白色稀粪便，或拉白色、黄色、绿色水样粪便。发病 1～2 天后病鸡精神萎靡，随着病情发展，3～4 天开始死亡。饮食欲减退，精神沉郁，腹泻后出现厌食，中后期触摸病鸡有冷感，此时因过度拉稀脱水严重，眼窝凹陷，趾爪干燥，翅膀下垂，羽毛松乱，鸡头垂地，闭眼、昏睡状态，最后极度衰竭死亡。病程 6～7 天，死亡高峰集中在感染后 5～6 天，从第 7 天开始进入恢复期，鸡群逐渐恢复健康。

**4. 病理变化**　病鸡脱水，肌肉发干、淤血，胸肌色泽发暗，大腿外侧和胸部肌肉常见条纹或斑块状紫红色出血；法氏囊外观肿大，有胶冻样物附着，充血或质地较硬，苍白色，后期萎缩，剪开后可见黏膜出血、坏死，囊内有灰白色或血色分泌物；肝脏呈条纹状，苍白色；肾脏常见苍白、肿大，有尿酸盐沉积，输尿管苍白、肿大、变粗；翅膀的皮下、心肌、肌胃浆膜下、肠黏膜、腺胃黏膜的乳头周围，特别是腺胃和肌胃交界处的黏膜有暗红色或淡红色的出血点或出血斑。

**5. 防病方剂**

【方剂源流】《中兽医验方与妙用》

【方剂一】荆芥300克、防风300克、蒲公英300克。

用法与用量：烟熏法，密封鸡舍，将药混合放入鸡舍内容器中，点燃（注意将各药同时点着），烟熏1小时，再打开鸡舍通风排烟。本处方为100米³空间用药量。

应用：用该法烟熏14、21、28日龄鸡，一次可达到预防效果。治疗剂量应加倍，烟熏时间延长0.5小时，治愈率可达90％以上。

【方剂二】板蓝根、大青叶、连翘、金银花、黄芪、当归各15～40克，川芎、柴胡、黄芩各15～30克，紫草、龙胆草各15～40克（100只鸡用量），煎汤让鸡自由饮服，每日2次。

【方剂三】囊复灵：生地、白头翁各2克，金银花、蒲公英、丹参、白茅根各1.5克（10只鸡一次量），每日1剂，水煎灌服，或加糖适量让鸡自饮，治疗量加倍，碾末或煎汤拌料饲喂。

【方剂四】十味败毒散：板蓝根、连翘、黄芩、生地各10克，泽泻、海金沙各8克，黄芪15克，诃子5克，甘草5克。粉碎混匀，每只鸡3克拌料饲喂，连用3～5天。

【方剂五】解囊汤：黄芪300克，黄连、生地、大青叶、白头翁、白术各150克。粉碎，混匀，按2％比例拌料饲喂，连用3天。

【方剂源流】《中兽医防治禽病》

【方剂六】板蓝根150克，黄芩、藿香各25克，黄柏、甘草、石膏、鱼腥草、金银花各50克，蒲公英100克。水煎2次，取汁加白糖250克，每天分4次给100只鸡饮用，连用3天。

【方剂七】生地4克、白头翁4克、金银花3克、蒲公英3克、丹参3克、茅根3克。10只鸡一次用量。水煎2次，合并药液加白糖让鸡自饮，每天1剂，连用3剂。

【方剂八】蒲公英 200 克、大青叶 200 克、板蓝根 200 克、双花 100 克、黄芩 100 克、黄柏 100 克、甘草 100 克、藿香 50 克、生石膏 50 克。加水煎成 3 000～5 000 毫升，每只鸡 5～10 毫升，每日 4 次，连用 3 日。

**6. 治病方剂**  治易清热解毒，凉血生津，益气。

【方剂源流】《中兽医验方与妙用》

【方剂一】党参 100 克、黄芪 100 克、板蓝根 150 克、蒲公英 100 克、大青叶 100 克、金银花 50 克、黄芩 30 克、黄柏 50 克、藿香 30 克、车前草 50 克、甘草 50 克。

用法与用量：将上述药物装入砂罐内用凉水浸泡 30 分钟后煎熬，煎沸后文火煎 0.5 小时，连煎 2 次。混合药液浓缩至 2 000 毫升左右，给鸡群自饮，对病重不饮水的鸡用滴管灌服，每次每只 1～2 毫升，每天 3 次。

【方剂二】黄连 100 克、黄芩 100 克、黄柏 100 克、大黄 100 克、当归 100 克、栀子 100 克、白芍 200 克、诃子 50 克、甘草 150 克。

用法与用量：煎水后饮服，连用 4 天。

【方剂三】板蓝根、紫草、茜草、甘草各 50 克，绿豆 500 克。

用法与用量：以上药物水煎，煎液拌料喂服，或一煎拌料、二煎饮水。重病鸡灌服，连用 3 天。

【方剂源流】《新编中兽医经》

【方剂四】黄芪 300 克，黄连、生地、大青叶、白头翁、白术各 150 克，甘草 80 克，供 500 只鸡，每日 1 剂，每剂水煎 2 次，取汁加 5% 白糖自饮或灌服，连服 2～3 剂。

【方剂五】蒲公英、大青叶、板蓝根各 200 克，双花（金银花）、黄芪、黄柏、甘草各 100 克，供 300 只鸡，煎汁自饮，病鸡不食者灌服 4～5 毫升。

【方剂六】生石膏 130 克、生地 40 克、赤芍 30 克、丹皮 30 克、栀子 30 克、连翘 20 克、黄连 20 克、黄芩 30 克、板蓝根 40

克、大黄 20 克、元参 30 克、甘草 100 克，供 300 只鸡，煎汁饮用。

【方剂七】党参 30 克、黄芪 30 克、蒲公英 40 克、金银花 30 克、板蓝根 30 克、大青叶 30 克、甘草（去皮）10 克、蟾蜍（100 克以上）1 只，先将蟾蜍加水 1.5 千克煮沸，再加他药文火煎汁，供 100 只鸡，每天分 3 次饮服。

【方剂八】生地 4 克、白头翁 4 克、双花 3 克、蒲公英 3 克、丹参 3 克、茅根 3 克，水煎 2 次，取汁加白糖适量，供 10 只鸡饮用，每日 1 剂，连用 3 天。

【方剂九】大青叶 100 克、板蓝根 100 克、蒲公英 100 克、金银花 50 克、黄芩 50 克、黄柏 50 克、生石膏 20 克、生地 20 克、栀子 20 克、甘草 40 克，水煎 2 次，煎至 2 千克药液，供 200 只鸡服用，也可研末冲服。

【方剂源流】《畜禽病土偏方疗法》

【方剂十】石膏 1 克（1 只 1 次用量）。

用法：水煎后冷却投服，每天 1 剂，连服 2～5 剂。

【方剂十一】板蓝根 4 千克，分 4 次用沸水浸泡，每次用水 10 千克。

用法：浸泡时间，第 1 次 10～12 小时，第 2 次 4～6 小时，第 3 次 6～8 小时，第 4 次 10～12 小时。每次浸液 2/3，合并滤液，分 3 次服，每次 5 升，凉开水加至 10 千克，供 1 000 只鸡一次饮用。每剂药连用 3 天，6 天为一疗程。

【方剂源流】《中华人民共和国兽药典　二部》（2000 版）

【方剂十二】扶正解毒散：板蓝根、黄芪各 60 克，淫羊藿 30 克，为末。鸡 0.5～1.5 克。

【方剂源流】《中兽医防治禽病》

【方剂十三】板蓝根 50 克、紫草 50 克、茜草 50 克、甘草 50 克、绿豆 500 克，水煎，取煎汁拌料喂服；或一煎拌料，二煎饮服；对重症鸡灌服，连用 3 天，每只鸡每日 2 克。

【方剂十四】金银花 100 克，连翘、茵陈、党参各 50 克，地丁、黄柏、黄芩、甘草各 30 克，艾叶 40 克，雄黄、黄连、黄药子、白药子，茯苓各 20 克，共研细末，混匀，按 6%～8%拌入饲料中混饲；少数病重不采食者，水煎取汁灌服，每次 5～10 毫升，每日 2 次。

【方剂十五】水牛角（锉细末）、野菊花、板蓝根、大青叶、生地、玄参、金银花各 300 克，甘草 50 克，黄连 20 克，麦冬 45 克，水煎煮沸后 1 小时，取药汁，加温或凉开水 25 千克，供 700～800 只鸡饮用，连用 3 天。

【方剂十六】板蓝根 150 克、蒲公英 100 克、党参 100 克、黄芪 100 克、金银花 50 克、大青叶 100 克、黄芩 30 克、黄柏 50 克、车前草 50 克、藿香 30 克、甘草 50 克。

用法：水煎取汁，饮喂或滴服。

【方剂十七】生石膏 200 克、生地 50 克、黄连 30 克、黄芩 50 克、栀子 50 克、玄参 50 克、知母 50 克、连翘 50 克、金银花 50 克、茜草 40 克、桔梗 40 克、淡竹叶 50 克、甘草 20 克。

用法：石膏先煎，他药后下，煎后取汁兑水，供 100 只鸡饮服。

【方剂十八】蒲公英 200 克、大青叶 200 克、黄芩 100 克、黄柏 100 克、板蓝根 200 克、金银花 100 克、藿香 50 克、甘草 100 克、生石膏 50 克。

用法：水煎取汁，供 100 只鸡饮服。

【方剂十九】白虎汤加减：生石膏 60 克、金银花 30 克、知母 30 克、生地 30 克、大青叶 30 克、板蓝根 30 克、连翘 30 克、紫草 30 克、白茅根 50 克、牡丹皮 40 克、甘草 30 克。

用法：水煎取汁，供 500 只鸡饮服或灌服。

【方剂二十】清营汤合犀角地黄汤加减：竹叶心 20 克、金银花 20 克、生地 60 克、玄参 60 克、大青叶 20 克、板蓝根 20 克、党参 30 克、连翘 20 克、牡丹皮 20 克、丹参 20 克、麦冬 20 克、紫草 20 克、白茅根 50 克、栀子 20 克、甘草 20 克。

用法：水煎取汁，供 600 只鸡饮服。

【方剂二十一】四味汤加味：党参 15 克、黄芪 15 克、茯苓 15 克、甘草 10 克、陈皮 15 克、黄芩 15 克、茵陈 15 克、白术 15 克。

用法：煎汤饮服或灌服。7 周龄鸡平均每只每日 1.5 克，每日 1 剂，连服 5 剂。

【方剂二十二】加味四味汤：黄芪 1.5 份，党参 1.2 份，白术、茯苓、双花、大青叶、板蓝根、紫花地丁、蒲公英、秦皮、车前子、五味子各 1 份，甘草 0.6 份。

用法：处方用药总量（克）是被治疗鸡总数的 1～3 倍。用药时先将药物浸泡于水中 20～30 分钟再煎，煎沸后文火煎 30 分钟。

【方剂二十三】板囊煎：板蓝根 50 克、紫草 50 克、茜草 50 克、绿豆 500 克、甘草 50 克。

用法：水煎。取煎液拌料喂服；或一煎拌料，二煎饮服，对重症病鸡灌服。连用 3 天。

【方剂二十四】清营汤：水牛角（锉细末）、野菊花、板蓝根、大青叶、生地、玄参、金银花各 300 克，甘草 50 克，黄连 20 克，麦冬 45 克。

用法：水煎煮沸后 1 小时，取药汁，加凉开水 25 千克，供 700～800 只鸡饮用，连用 3 天，也可取部分药汁拌料饲喂。

【方剂二十五】清解汤：生石膏 130 克、生地 40 克、赤芍 30 克、丹皮 30 克、栀子 30 克、连翘 20 克、黄芩 30 克、板蓝根 40 克、大黄 20 克、玄参 30 克、甘草 40 克。

用法：本方为 300 只鸡一日用量，先将药物在凉水中浸泡 0.5 小时，然后煎药 2 次，分别得药液 1 500～2 000 毫升。混合后全群一次饮用。

【方剂二十六】消法灵：板蓝根、大青叶、连翘、金银花、黄芪、当归各 15～30 克，川芎、柴胡、黄芩各 15～30 克，紫草、龙胆草各 13～40 克（100 只鸡用量）。煎汤让鸡自由饮服，每日 2 次。

【方剂二十七】十味败毒散：板蓝根、连翘、黄芩、生地各10克，泽泻、海金沙各8克，黄芪15克、诃子5克、甘草5克。粉碎混匀，育成鸡每只0.5克拌料饲喂，连用3～5日，成鸡酌加倍。

【方剂二十八】江苏验方：生石膏100克、红糖200克，水煎取汁，供100只鸡灌服。

【方剂二十九】河北验方：蒲公英200克、大青叶200克、黄芩100克、黄柏100克，板蓝根200克、金银花100克、藿香50克、甘草100克、生石膏50克。水煎取汁，供100只鸡饮服。

【方剂三十】江西验方：蒲公英50克、大青叶50克、黄芪30克、白术30克、金银花40克、白头翁40克、黄柏25克、黄芩25克、板蓝根25克、甘草25克、藿香10克、石膏10克，水煎取汁，供100只鸡饮服。

### 7. 综合防治措施及注意事项

（1）改善饲养环境，提高育雏舍温度3～5℃（特别是冬、春季）；饮水中投入多维葡萄糖及0.1％食盐，这对提高鸡体抵抗力，防止脱水有重要作用。如果有条件，配置口服补液盐更好；减少各种应激。饮水充足。

（2）对鸡舍鸡及环境进行严格消毒　对发病鸡群采用0.2％过氧乙酸带鸡消毒，每天一次，同时对鸡舍周围及被病鸡污染的场所（包括所有用具）用2％氢氧化钠溶液和10％石灰乳剂彻底消毒，以切断传染途径，阻止疫病蔓延。

（3）对病鸡或发病鸡进行紧急防治。用鸡传染性法氏囊病中等毒力疫苗倍量对全群鸡肌内注射或饮水，可起到减少死亡的效果；降低病鸡群饲料中的蛋白含量（降至15％左右），提高1倍维生素含量；如发现有继发性传染病，应及时、有针对性地采用药物治疗，以减少损失；在发病早期用高免血清或康复鸡血清每只注射1.1毫升，效果显著；在发病期用高免蛋黄液进行全群注射，可迅速控制疫情。

（4）免疫程序　针对本病无统一的免疫程序，各鸡场必须根据当地流行病毒毒株的毒力和不同日龄雏鸡母源抗体的消长情况而定。一般来说，在低或无母源抗体时，宜用弱毒疫苗或 1/3～1/2 剂量的中等毒力疫苗尽早接种，1～3 日龄第一次，10～14 日龄第二次接种；在高母源抗体水平时，宜在 18 日龄第一次、28～35 日龄第二次接种；如果母源抗体水平参差不齐，则在 1～3 日龄第一次、16～22 日龄第二次接种；如果是完全剂量的中等毒力疫苗，则在 14～28 日龄一次性免疫。

## 七、鸡痘

**1. 病原**　鸡痘病毒科禽痘病毒属中的鸡痘病毒。

**2. 流行病学**

（1）发病季节　一年四季均可发生，秋、冬季最易流行，一般在秋季和冬初发生皮肤型较多，在冬季以黏膜型（白喉型）为多。在夏季肉用仔鸡群中也常流行鸡痘。

（2）发病年龄　各种年龄、品种的鸡均可感染，雏鸡和中年鸡最为常见，以雏鸡发病率和死亡率高。

（3）传播途径　本病主要通过皮肤或黏膜的伤口感染。吸血昆虫，特别是蚊子在传播本病中起着重要的媒介作用。

**3. 临床症状**　分以下几种类型：

（1）皮肤型　在鸡冠、肉髯、眼睑、喙角、泄殖腔周围、翅膀下、腹部及腿部等处，初期生出灰白色的小结节；后期渐变成灰色或灰黄色干硬结节；发生眼窦时，易继发细菌（如葡萄球菌、大肠杆菌）感染，引起化脓性结膜炎。

（2）黏膜型（白喉型）　在口腔、咽喉、气管或食道出现局灶性坏死假膜，甚至喉裂被干酪性渗出物堵塞。口、咽黏膜病变影响食欲，呼吸困难，吞咽困难，甚至造成窒息死亡。

（3）混合型　兼有以上两种情况。

**4. 病理变化**　皮肤型鸡痘的病变为形成皮肤痘疹。初期病鸡皮肤呈现灰白色稍隆起的小结节，后渐变成灰黄色，逐渐增大如豌豆，表面呈现凸凹不平的干燥硬结。黏膜型（白喉型）病变为黏膜的固膜性炎。初期在黏膜面形成稍隆起的灰白色结节，以后结节增大并互相融合、坏死，形成一层灰黄色假膜。口腔、咽喉部甚至气管黏膜出现溃疡，表面覆有纤维素性坏死性假膜。重者在支气管、肺部及鼻部都可见到病理变化。

**5. 防病方剂**

【方剂源流】《中兽医防治禽病》

【方剂一】（皮肤型鸡痘）荆芥穗 9 克、防风 9 克、薄荷 9 克、黄芩 12 克、蒲公英 15 克、栀子 12 克、大黄 10 克、川芎 9 克、赤芍 9 克、甘草 10 克，水煎取汁，兑水饮服，为 50 只量，日服 1 剂。

【方剂二】牡丹皮 60 克、金银花 80 克、栀子 100 克、黄芩 50 克、板蓝根 80 克、山豆根 50 克、黄柏 80 克、苦参 50 克、皂角刺 50 克、白芷 50 克、甘草 100 克、防风 50 克，共为细末，按每日每羽 0.5～2 克，煎水连渣拌料饲喂 1～2 周。

【方剂三】雄黄 6 克，黄芩、黄柏、黄栀子各 9 克，煎水喂 100 只成年鸡，每日 2～3 次。雏 200 只。

预防时机：适用于 5 日龄雏鸡，秋初预防。

【方剂四】狗肝菜、穿心莲、旱莲草各 30 克，鸡屎藤 60 克，煮水喂 50 只成年鸡。雏 200 只。

预防时机：适用于 5 日龄雏鸡，秋初预防。

【方剂五】黄连 50 克、黄柏 50 克、黄芩 50 克、金银花 50 克、大青叶 50 克、板蓝根 50 克、黄药子 30 克、白药子 30 克、甘草 50 克，加水 5 000 毫升，煎至 2 500 毫升，连煎 2 次，共获药液 5 000 毫升，加白糖 1 千克，供 50 羽蛋鸡一次饮服。每日 1 剂，连用 3～5 剂。

预防时机：适用于 5 日龄雏鸡，秋初预防。

【方剂源流】《新编中兽医经》

【方剂六】胖大海、鸡屎藤、酸味草、鹅不食草各 30 克，捣烂，热开水冲调半小时，供中鸡 50 羽，或雏鸡 100～150 羽服用，每天 2 次。

【方剂七】木芙蓉叶 90 克、草龙 60 克，煎汁灌服。

【方剂八】紫草 9 克、生地 6 克、甘草 3 克、土茯苓 9 克，加水 500 克，煎汁，供 100 羽雏鸡饮用。

**6. 治病方剂**　对于结痂者，用镊子剥掉痂或假膜，然后用高锰酸钾溶液洗净，用碘酒涂。对于口、咽部位，为呼吸和进食方便，除涂药外，还要用甘油润滑。

【方剂源流】《中兽医防治禽病》

【方剂一】（皮肤型鸡痘）银翘散加减：银花 20 克、连翘 20 克、板蓝根 20 克、赤芍 20 克、桔梗 15 克、竹叶 15 克、蝉蜕 10 克、葛根 20 克、甘草 10 克，煎水 500 毫升，供 100 只鸡自由饮用，连服 3 日。患部结合涂搽龙胆紫溶液。

【方剂二】（黏膜型鸡痘）板蓝根 75 克，麦冬、丹皮、炒莱菔子、金银花、连翘各 50 克，知母 25 克，生甘草 15 克，煎汤 2 000 毫升，拌料，供 500 只鸡用，每日 1 剂。病重者灌服。外治用冰片、青黛、硼砂各等份，研成极细粉末，用喷粉器喷于患鸡的咽喉假膜上，药量以覆盖假膜为佳，每只用药 0.1～0.15 克。

【方剂三】（混合型鸡痘）板蓝根 10 克，蒲公英、金银花、山楂、甘草各 50 克，黄芩 30 克，供 100 只鸡用。研细末，拌入饮料喂服。次日配合板蓝根 50 克，煎水 1 000 毫升，让病鸡自由饮用。

【方剂四】（皮肤型鸡痘）栀子、甘草各 100 克，金银花、黄柏、板蓝根各 80 克，丹皮、黄芩、山豆根、苦参、白芷、皂角刺、防风各 50 克。水煎取汁饮服，也可按每只每天 2～3 克生药量拌料喂鸡。

【方剂五】（混合型鸡痘）药用：金银花、连翘、板蓝根、赤芍、葛根各 20 克，蝉蜕、竹叶、桔梗、甘草各 10 克。水煎取汁，拌料喂服，为 100 只鸡用量。

【方剂六】金银花 20 克、连翘 20 克、薄荷 15 克、蝉蜕 15

克、胡荽 10 克、柽柳 120 克，煎汁 500 毫升。

用法：煎汤自由饮用或拌入当日饲料，病轻者连用 3～5 天，病重者连用 5～7 天。

【方剂七】黄益新方：栀子 100 克、丹皮 50 克、黄芩 50 克、黄柏 80 克、金银花 80 克、板蓝根 80 克、山豆根 50 克、苦参 50 克、白芷 50 克、甘草 100 克、防风 50 克、皂角刺 50 克，混合粉碎。

用法：每只每天 0.5～2.0 克，煎水拌料喂服。

【方剂八】（1）板蓝根 100 克、金银花 50 克、蒲公英 50 克、山楂 50 克、甘草 50 克、黄芩 30 克，粉碎，混匀备用。

（2）板蓝根 50 克，煎汤 1 000 毫升。

用法：用药第 1 天将已粉碎的（1）方拌入饲料，每日早、午、晚 3 次。次日用方（2）饮用。

【方剂九】双花 20 克、连翘 30 克、板蓝根 20 克、赤芍 20 克、葛根 20 克、桔梗 15 克、蝉蜕 10 克、竹叶 10 克、甘草 10 克。

用法：加水煎成 500 毫升，每 100 只鸡一次饮服，或拌入饲料中喂服，每天 1 剂，连用 3 天。

【方剂十】大黄 50 克、黄柏 50 克、姜黄 50 克、白芷 50 克、生南星 20 克、陈皮 20 克、厚朴 20 克、甘草 20 克、天花粉 100 克。

用法：共研细末，水酒各半调成糊状，涂于剥除痂皮的创面上，每天 2 次，连用 3 天。

【方剂十一】桔梗 15 克、川贝 10 克、当归 10 克、防风 10 克、大黄 8 克、黄芩 8 克、生地 10 克、黄连 8 克、白术 10 克、茯苓 10 克、金银花 12 克、葛根 10 克、甘草 8 克、板蓝根 15 克。

用法：共为细末，蜜调为丸，黄豆粒大。幼鸡 1 粒、中鸡 2 粒、大鸡 3 粒。每日 2 次，连服 4 日。

【方剂十二】金银花 70 克、栀子 90 克、白芷 60 克、防风

70克、板蓝根70克、桔梗50克、黄芩70克、黄柏80克、牡丹皮70克、升麻100克、葛根50克、紫草60克、山豆根80克、甘草80克。

用法：共为细末，按每只1～2克拌料喂服。

【方剂十三】（混合型鸡痘）牛蒡子10克、金银花20克、黄芩20克、紫草20克、板蓝根10克、连翘15克、甘草5克。

用法：共研为细末，按每千克体重一次用药2克，水调灌服，每日2～3次。

【方剂十四】连翘、牛蒡子各3克，黄连（酒炒）、枳壳、桔梗各2克，紫草、甘草各1克，蝉蜕7个，川芎1克，麦冬2克，木通、前胡、升麻各1.5克，为细末，水丸，每丸重3克，每次1丸。

【方剂十五】（黏膜型鸡痘）润喉煎：板蓝根75克、麦冬50克、生地50克、丹皮50克、连翘50克、莱菔子50克、知母25克、生甘草15克，水煎，去渣，成汤1 000毫升，拌入饲料中喂500只鸡。

【方剂十六】（山西验方）板蓝根50克。用法：煎水1 000毫升，兑水让病鸡自饮。

【方剂十七】（江西验方）采集新鲜樟树叶垫入鸡舍，7日换1次。

【方剂十八】（皮肤型鸡痘）生南星20克、大黄50克、黄柏50克、姜黄50克、天花粉100克、白芷50克、陈皮20克、苍术20克、厚朴20克、甘草20克。

用法：共为细末，水酒调敷。

【方剂源流】《中兽医方剂精华》

【方剂十九】紫草煎：①紫草10克、生地6克、甘草3克。煎汤取汁，拌饲喂服。②紫草100克、龙胆末50克、明矾100克。先用5 000毫升水将紫草浸泡20分钟，小火煎1小时，去渣，再加入明矾和龙胆末，小火20分钟，灌服或混饲喂服100只鸡。

【方剂二十】败毒和中散：连翘、牛蒡子各 3 克，黄连（酒炒）、枳壳、桔梗各 2 克，紫草、甘草各 1 克，麦冬 2 克，木通、前胡、升麻各 1.5 克。为细末，水丸，每丸重 3 克，每服 1 丸。

【方剂二十一】（黏膜型或混合型鸡痘）冰青散：冰片、青黛、硼砂各等份。为极细末，用喷粉器喷于咽喉部，每只鸡每次 0.1～0.15 克。

【方剂源流】《新编中兽医经》

【方剂二十二】鲜忍冬藤叶搓揉成蚕豆粒大小，小鸡喂服 2～3 粒，大鸡 5～6 粒，每日 3 次，连服 3～5 日。

【方剂二十三】鲜鱼腥草 5 克，煎汤，10 只鸡 2 天服完，每天早、晚分服。

【方剂源流】《畜禽病土偏方疗法》

【方剂二十四】鱼腥草 2 克（1 只用量），切细内服，另用适量鱼腥草捣汁涂患部。

用法：每天 1 剂，连用 2～5 剂。

【方剂源流】《中兽医验方与妙用》

【方剂二十五】黄芪 30 克、肉桂 15 克、槟榔 30 克、党参 30 克、贯众 30 克、何首乌 30 克、山楂 30 克。

用法与用量：加水适量煮沸 30 分钟，取汁供 50 只大鸡拌料喂服或饮水，每天 2～3 次。

【方剂二十六】龙胆草 90 克、板蓝根 60 克、升麻 50 克、金银花 40 克、野菊花 40 克、连翘 30 克、甘草 30 克。

用法与用量：加工成细粉末，按每只鸡每天 1.5 克拌入饲料，分上、下午集中喂服。

【方剂二十七】（皮肤型鸡痘）菜籽油 5 克。

用法与用量：涂抹患部，早、晚各 1 次，连用 2～3 天。涂抹前用镊子将皮肤上的结痂剥离，伤口涂上碘酊或紫药水。

### 7. 综合防治措施及注意事项

（1）定期接种疫苗，康复的鸡可获终生免疫。人工接种疫苗是预防本病的可靠办法。

（2）为有效预防鸡痘的发生，应根据各地情况在鸡痘高发季节来临之前，做好免疫接种工作。

（3）消灭吸血昆虫对预防鸡痘也有着重要的作用。

（4）鸡群争斗、啄毛、交配等造成外伤；鸡群饲养密度过大、通风不良、鸡舍阴暗、潮湿、鸡体有体外寄生虫、营养不良、缺乏维生素及饲养管理太差等均可促使本病发生和加剧病情，如有传染性鼻炎、慢性呼吸道病等并发感染，可造成大批死亡。

（5）在饲料中加大和补充维生素A、鱼肝油等，有利于组织和黏膜的新生，促进食欲，提高鸡体对病毒的抵抗力。

（6）加强饲养管理，注意清洁、卫生，严格消毒。

（7）特别注意的是鸡痘流行时常易暴发葡萄球菌病，应做好预防。

## 八、禽白血病

**1. 病原**　禽白血病/肉瘤病毒，属反转录病毒科禽C型反转录病毒群。

**2. 流行病学**

（1）发病季节　没有明显季节性。

（2）发病年龄　一般发生在性成熟或即将性成熟的鸡群，呈渐进性发生。一般发生在14～30周龄的鸡群。

（3）传播途径　传染源是病鸡和带毒鸡，主要是经卵垂直传播。

**3. 临床症状**　病鸡无特异的临床症状，鸡冠发白，皱缩，腹泻，腹部增大，可触摸到肿大的肝。

**4. 病理变化**　肝、脾、法氏囊有大小不一、数量不等的灰白色、浅黄白色肿瘤。

**5. 防治方剂**

【方剂源流】《中兽医防治禽病》

【方剂】普济消毒散：大黄30克、黄芩25克、黄连20克、甘草 15 克、马勃 20 克、薄荷 25 克、玄参 25 克、牛蒡子 45 克、升麻 25 克、柴胡 25 克、桔梗 25 克、陈皮 20 克、连翘 30 克、荆芥 25 克、板蓝根 30 克、青黛 25 克、滑石 80 克。

制法：以上 17 味，粉碎，过筛，混匀，即得。

用法与用量：鸡 1～3 克。

**6. 预防**

（1）因为禽白血病的传播主要是垂直传播，所以国内控制禽白血病都从建立无禽白血病的净化鸡群着手，即对每批即将产蛋的鸡群，经酶联免疫吸附试验（ELISA）或其他血清学方法检测，发现阳性鸡，一次性淘汰。净化鸡群重点是在原种鸡场、种鸡场。

（2）目前尚无有效疫苗和治疗方法。

# 九、产蛋下降综合征

**1. 病原**　腺病毒属禽腺病毒Ⅲ群。

**2. 流行病学**

（1）发病季节　无明显季节性。

（2）发病年龄　任何年龄的鸡均有易感性，但产蛋高峰的鸡最易感染。

（3）传播途径　本病的主要传播方式是经卵垂直传播。

**3. 临床症状**　蛋鸡产蛋率下降（有的骤降），蛋壳颜色普遍发白，产出薄壳蛋、软壳蛋、有膜无壳蛋、小蛋，蛋体畸形，蛋壳表面粗糙，一端常呈细颗粒状如砂纸样。排黄、绿色稀粪，有呼吸道症状，发出似噎着一样的呼吸道音。有的大群看似正常，但每天都有零星蔫鸡，且蔫鸡最终死亡。

**4. 病理变化**　喉头、气管有白色黏液；卵泡出血、坏死；整个肠道黏膜发红；肾脏明显红肿，严重的肾脏肿大突起；有的子宫黏膜潮红、出血；输卵管异常，黏膜水肿，腔内蓄积白色渗出物或干酪样物质。

**5. 防治方剂**

【方剂源流】《禽病中西兽医防治技术》

【方剂一】黄连 50 克，黄芩 50 克，黄柏 5 克，黄药子 30 克，白药子 30 克，大青叶、板蓝根、党参各 50 克，黄芪 30 克，甘草 50 克。粉碎过 60 目筛，混匀，按 1％比例拌料饲喂，每天 1 剂，连用 5 剂。

预防时机：适用于发病初期。

【方剂二】党参 20 克、黄芪 20 克、熟地 10 克、女贞子 20 克、益母草 10 克、阳起石 20 克、仙灵脾 20 克、补骨脂 1 克。以上 8 味粉碎，拌匀过 60 目筛，按 1.5％比例拌料饲喂。每天 1 剂，连用 5 剂。

预防时机：适用于发病中后期。

【方剂源流】《中兽医防治禽病》

【方剂三】板蓝根 35 克、大青叶 30 克、穿心莲 30 克、连翘 30 克、丹参 30 克、刺五加 50 克、败酱草 30 克、蒲公英 50 克、黄芪 50 克。研为细末，拌料喂服，供 300 只母鸡，连服 3～5 剂。

【方剂四】黄芪 40 克、党参 30 克、茯苓 30 克、白术 30 克、赤芍 25 克、生地 30 克、当归 25 克、益母草 30 克、泽兰 30 克、红藤 30 克、甘草 15 克。水煎取汁，兑水饮服，药渣拌料。供 200 只鸡，连服 3～5 剂。

【方剂五】当归 30 克、丹参 30 克、益母草 50 克、菟丝子 25 克、骨碎补 25 克、虎杖 25 克、大青叶 30 克、牡蛎 30 克、黄芪 50 克、松针粉 100 克。研为细末，拌料内服，可供 200～300 只鸡，连服 3～5 剂。

【方剂六】清瘟饮：黄连、黄柏、黄芩、金银花、大青叶、板蓝根各 50 克，黄药子、白药子各 30 克，甘草 30 克。以上加水煎成 2 500 毫升，连煎 2 次，取药液 5 000 毫升，50 只鸡 1 次饮服，每日 1 剂，连服 3～5 剂。

【方剂源流】《中兽医验方与妙用》

【方剂七】牡蛎 6 克，黄芪 100 克，蒺藜、山药、枸杞子各 30 克，女贞子、菟丝子各 20 克，龙骨、五味子各 15 克。

用法与用量：共研细末，按日粮的 3‰～5‰ 添加，拌匀，再加入 50%～70% 的清洁水，拌匀后饲喂，每天 2 次，连用 3～5 天为一疗程。

**6. 综合防治措施及注意事项**

（1）在无本病的清洁鸡场，要严格防止从疫场将本病带入。

（2）在已有本病的污染鸡场，要严格执行兽医消毒制度。为防止水平传播，场内感染和未感染鸡群应严格隔离，及时扑杀、淘汰病鸡，保持周围环境卫生清洁，并严格消毒。

（3）粪便中可能存在病毒，因此要及时、合理地处理粪便，对防止本病的再次传播有着重要的意义。

（4）疫苗免疫接种是预防本病的主要措施之一。在产蛋前 4～10 周进行初次接种，产蛋前 3～4 周进行二次接种。

（5）值得注意：发病日龄逐渐提前了。

# 第二节　细菌性传染病

## 一、鸡支原体病（慢性呼吸道病）

**1. 病原**　鸡毒支原体在分类学上属于支原体科支原体属。

**2. 流行病学**

（1）发病季节　以寒冷的冬、春季流行严重。

（2）发病年龄　4～8 周龄雏鸡多发，病程较长，且症状明显。

（3）传播途径　病鸡是主要的传染源，病原体可经蛋垂直传播，也可经空气所带的尘埃或飞沫传播。主要通过空气传播。

**3. 临床症状**　最常见的症状是呼吸道症状，表现咳嗽、打喷嚏、气管啰音和鼻炎。一侧或双侧眶下窦发炎、肿胀，严重时眼睛睁不开。常有鼻涕堵住鼻孔。常见轻度结膜炎，眼有分泌物，但有时眼睛炎症也很严重。有时关节发炎，致跛行。精神不振，生长迟缓，面部及鸡冠苍白色，排出绿色粪便。

**4. 病理变化**　鼻黏膜增厚，有干酪样物。眼结膜发炎。窦内充血、水肿，有渗出物。气囊有干酪样渗出物。喉头、气管黏膜有黄白色干酪样物。有的见到纤维素或化脓性肝被膜炎和心包炎。肺脏充血、出血、水肿。

**5. 防治方剂**

【方剂源流】《中兽医防治禽病》

【方剂一】石决明、草决明各 50 克，大黄、黄芩各 40 克，栀子、郁金各 35 克，苏叶、紫菀、黄药子、白药子各 45 克，陈皮、苦参、甘草各 40 克，龙胆草、三仙各 30 克，苍术、桔梗各 50 克，鱼腥草 100 克，按每只鸡每天 2.5～3.5 克，混入全天饲料的 1/4 中饲喂，待吃尽后再喂未加药的饲料，连续使用 3 天。

预防时机：适用于 3 周龄雏鸡，全群鸡秋末、冬初预防。

【方剂二】石决明、黄药子、白药子、黄芩、陈皮、苍术、桔梗各 70 克，栀子、郁金、鱼腥草、龙胆草、三仙各 50 克，苏叶 80 克，紫菀 85 克，大黄、苦参、甘草各 50 克，研末，拌饲喂服，连用 3 日。

【方剂三】黄连 10 克、黄柏 10 克、黄芩 10 克、栀子 10 克、黄药子 10 克、白药子 10 克、大黄 5 克、款冬花 10 克、知母 10 克、贝母 10 克、郁金 10 克、秦艽 10 克、甘草 10 克。上药为 100 只成年鸡用量，温开水煎 3 次，供饮服，连用 6 日，效果好。

【方剂四】金荞麦 60 克，鱼腥草 40 克，麻黄 20 克，桔梗 30 克，野菊花 50 克，桂枝 30 克，黄芩、半夏、南星各 15 克，共研末，分高、中、低剂量组（即分别按 1.0%、0.5%、0.25% 比例与饲料混匀），治疗本病，高、中、低剂量组的治愈率分别为 82.6%、78.2%，因此，本方较适宜的治疗剂量为 0.5%～1%，于鸡初发病时，连喂 5～7 天，可达到理想的治疗效果。

【方剂五】甜杏仁 30 克、桔梗 60 克、甘草 30 克、半夏 30 克、枇杷叶 50 克，水煎，500 只成鸡剂量。

【方剂六】石决明 120 克，黄药子 50 克，白药子 50 克，黄芩 60 克，陈皮 30 克，苍术 30 克，桔梗 30 克，栀子 50 克，鱼腥草 100 克，苏叶 50 克，苦参 30 克，郁金 30 克，龙胆草 30 克，大黄、三仙、甘草各 20 克，水煎，每只鸡每日 2～3 克连用 3～5 天。

【方剂七】大青叶、侧耳根、板蓝根各 100 克，银花藤、连翘、青蒿、法半夏、桔梗各 60 克，石菖蒲 20 克，樟脑 0.3～0.5 克，水煎取汁，冬、春季拌料饲喂，夏、秋季适当停水后，饮服（100 只鸡 1 日用量），连用 3 日。

【方剂八】强力禽喘宁：青黛 10 克、板蓝根 40 克、山豆根 40 克、紫菀 30 克、冬花 20 克、桔梗 40 克、荆芥 30 克、防风 30 克、冰片 2.5 克、硼砂 20 克、杏仁 30 克、生石膏 100 克，按 1% 比例拌料饲喂。

主要用于病在气分，温热之邪壅闭于肺，肺受热迫而咳喘，张口呼吸。用青黛、板蓝根、山豆根，其性寒凉，清热解毒，避瘟泻火，为君药，以治本。大量生石膏宣泄肺气、发散肺经郁热，杏仁、桔梗、紫菀、冬花，止咳平喘，可助君药，以清热，可治兼症而平喘为臣药；荆芥、防风，散风解表，以防卫表留邪；硼砂、冰片疗咽喉肿痛，因喉为肺窍，以防肺金壅邪，累及咽喉为佐使药。诸药相伍，有清热解毒、泻火避瘟、宣肺平喘之效。

【方剂九】板蓝根 40 克、鱼腥草 40 克、黄芩 40 克、连翘 40 克、穿心莲 40 克、元明粉 50 克、硼砂 30 克、生石膏 120 克、冰片 2.5 克、青黛 10 克，按 1% 比例拌料喂服。

主用于病在气、营分，与方剂八相比，因病已深入气、营，所以不再用荆芥、防风。同时用了大量的清热解毒、泻火、凉血药物，如黄芩、连翘、穿心莲、元明粉，以增强清气救营之力，邪热清，营热透，郁血脓块自消。

【方剂源流】《中兽医验方与妙用》

【方剂十】麻杏石甘散：麻黄 150 克，杏仁 80 克，石膏 150 克，黄芩、连翘、金银花、菊花、穿心莲各 100 克，甘草 50 克。

用法与用量：粉碎，混匀，按每天每只雏鸡 0.5～1.0 克、成鸡 1.0～1.2 克，用沸水冲泡后拌料，一次喂服，连用 5～7 天。

应用：发病初期，用麻杏石甘散配合抗菌药物治疗，效果很好。

【方剂十一】大青叶 50 克、板蓝根 50 克、金银花 30 克、桔梗 20 克、款冬花 20 克、杏仁 20 克、黄芩 20 克、陈皮 20 克、甘草 5 克。

用量用量：粉碎后，按 0.5％的比例混入饲料中喂服，连用 5～7 天。

【方剂十二】济世消黄散：黄连 10 克、黄柏 10 克、黄芩 10 克、栀子 10 克、黄药子 10 克、白药子 10 克、大黄 5 克、款冬花 10 克、知母 10 克、贝母 10 克、郁金 10 克、秦皮 10 克、甘草 10 克。

用法与用量：水煎 3 次，供 100 只成鸡饮服。

【方剂十三】加减厚朴麻黄汤：厚朴 15 克、麻黄 9 克、石膏 24 克、杏仁 9 克、半夏 12 克、干姜 6 克、细辛 3 克、五味子 6 克、浮小麦 9 克。

用法与用量：水煎去渣，供 200 只 20 日龄内雏鸡用量，一半混饮，一半混饲，连服 4 日。

应用：寒甚者重用干姜，稍减石膏；热甚加瓜蒌、黄连，减干姜；风寒所致者加辛夷、桔梗；风热所致者加柴胡、前胡。

【方剂十四】桔梗、金银花、菊花、麦冬各 30 克，黄芩、麻黄、杏仁、贝母、桑白皮各 25 克，石膏 20 克，甘草 10 克。

用法与用量：水煎取汁，供 500 只鸡兑水饮用，每天 1 剂，连用 5～7 天。

【方剂十五】石决明、草决明、黄药子、黄芩、白药子、陈皮、苍术、桔梗各 50 克，栀子、郁金、胆草、三仙（神曲、山楂、麦芽）各 40 克，鱼腥草 100 克，苏叶 70 克，紫菀 85 克，大黄、苦参、甘草各 45 克。

用法与用量：研末，按每只鸡每天 2.5～3.5 克拌入 1/3 日粮中一次投喂，待吃尽后，再饲喂未加药的饲料，连用 3 天。预防量减半。

【方剂十六】加味辛夷散：辛夷、防风、薄荷各 6 克，陈皮、白芷、桔梗各 5 克，藿香、荆芥各 10 克，茯苓、黄芩各 12 克，苍耳子 9 克。

用法与用量：按每只鸡 1.0～1.5 克，煎汤自饮，连用 3～7 天。预防量减半。

【方剂十七】百咳宁：柴胡、荆芥、半夏、茯苓、甘草、贝母、桔梗、杏仁、玄参、赤芍、厚朴、陈皮各 30 克，细辛 6 克。

用法与用量：粉碎，过筛，混匀。按每千克体重每天 1 克加开水焖半小时，药液加适量水饮用，药渣拌料喂服。

【方剂十八】鱼腥草 250 克，大青叶 150 克，蒲公英 150 克。

用法与用量：煎汤，供 1 400 只肉用仔鸡一次饮用，每天 2 次。

【方剂十九】清肺散：鱼腥草 100 克，黄芩、连翘、板蓝根各 40 克，麻黄 25 克，贝母 30 克，枇杷叶 90 克，款冬花、甜杏仁、桔梗各 25 克，姜半夏 30 克，生甘草 2 克。

用法与用量：25～30 日龄肉鸡按每只每天 1 克，水煎 2 次，合并滤液，分上、下午混入饮水中饮服，连用 4～6 天为一疗程。

【方剂二十】鱼腥草 100 克、桔梗 100 克、金银花 100 克、菊花 100 克、麦冬 100 克、黄芩 85 克、黄麻 85 克、杏仁 85 克、桑白皮 85 克、石膏 60 克、半夏 100 克、甘草 40 克。

用法与用量：水煎取汁，供 500 只成年鸡 1 天饮用，每天 1 剂，连用 5～7 天。

【方剂二十一】麻杏石甘汤：麻黄 6 克，杏仁 19 克，石膏 18 克，炙甘草 18 克。

用法与用量：煎汤，供 100 只鸡饮服。预防量减半。

【方剂二十二】麻黄、杏仁、石膏、桔梗、鱼腥草、金荞麦根、黄芩、连翘、金银花、牛蒡子、穿心莲、甘草各等份。

用法与用量：研成细末，按每只每次 0.5～1 克，拌料饲喂，连用 5 天；预防，每隔 5 天投药 1 次，连用 5～8 次。

【方剂源流】《新编中兽医经》

【方剂二十三】麻黄、葶苈子、甘草、紫苏子各 7 克，款冬花、金银花、连翘各 8 克，杏仁、石膏、知母、黄芩、桔梗各 9 克（100 只鸡量，雏鸡酌减），煎汁自饮，每天 1 剂，连服 3～4 天。

【方剂二十四】大青叶、鱼腥草、板蓝根各 100 克，银花藤、连翘、青蒿、法夏、桔梗各 60 克，石菖蒲 20 克，樟脑 0.3～0.5 克，水煎取汁，冬、春季拌料喂服，夏、秋季饮服（100 只鸡量），每天 1 剂，连用 3 天。

### 6. 综合防治措施及注意事项

（1）消除非传染性因素

①加强饲养管理　首先，使用全价优质饲料，以满足鸡生长发育所需要的各种营养物质，严禁使用发霉变质或被污染的饲料。其次，保证饮水质量，应清洁无污染，最好用自来水，冬季特别要注意水温，低于 4℃ 容易导致腹泻，15℃ 左右为宜。

②通风换气与保温　良好的通风会使肉鸡增长迅速，母鸡高产，鸡群健壮。通风换气可以减少和清除鸡舍内氨气、废气、尘埃及病原微生物，同时要使鸡舍保持合适温度，从而减少外在诱因。冬季通风换气的具体措施是：让进入的新鲜空气与舍内热空气混合，减轻冷空气直接吹入对鸡造成的应激，冬季换气时最好在中午进行，不可一次将鸡舍温度降得太低。解决好通风和保温这对矛盾是减少鸡在冬季发生呼吸道疾病的关键。

（2）建立严格的消毒制度

①外源消毒　外来人员、车辆要经过消毒后方可入场，进出鸡舍要脚踏消毒池或换鞋，防止带入病原。

②实行全进全出制度　每批鸡出栏或转群后，要及时彻底清洗鸡舍，严格消毒，一般可采用福尔马林与高锰酸钾熏蒸消毒。

③带鸡消毒　定期对鸡体和鸡舍消毒，宜每隔 2～3 天消毒

1 次。消毒可用百毒杀或含氯消毒剂喷雾消毒。

④饮水用具消毒　饮水中应添加漂白粉或菌毒净，注意在免疫接种前后 2 天应停止饮水消毒。对每日所用过的料盘、料桶、饮水器等用具，应用 0.01％百毒杀或其他消毒剂洗刷干净，晾干备用。

⑤每周应对鸡舍外环境进行一次严格的喷洒消毒。可用生石灰或氢氧化钠溶液喷洒。

（3）做好疫苗的预防接种　接种疫苗最好采用滴鼻、滴眼、喷雾途径，以提高鸡群的局部免疫力。饮水免疫时最好在水中事先添加 0.5％的脱脂奶粉，以增加疫苗毒的存活时间。此外，为减少接种疫苗的应激反应，可在水中（前中后 3 天）添加维生素 E 或速补多维等，同时在免疫接种前后 3～5 天停用各种维生素和抗病毒类药物。

## 二、鸡伤寒

**1. 病原**　鸡伤寒沙门氏菌。

**2. 流行病学**

（1）发病季节　冬、春季节。

（2）发病年龄　成年鸡多发。

（3）传播途径　经卵传播或经消化道传播。

**3. 临床症状**　病雏困倦，生长不良，虚弱，没有食欲，肛门周围沾有黄绿色稀便。成年鸡精神沉郁，羽毛蓬松，突然停食，冠和肉髯苍白、皱缩。

**4. 病理变化**　脾、肝肿大淤血，呈青铜色，有坏死灶。

**5. 防治方剂**

【方剂源流】《中兽医防治禽病》

【方剂一】强力咳喘宁：板蓝根、荆芥、防风、射干、山豆根、苏叶、甘草、地榆炭、川贝母、苍术各 10％，按每只雏鸡每天 1 克，成鸡 3～5 克，拌料或煎汁饮水，连服 3～5 天。

【方剂二】百咳宁：柴胡、荆芥、半夏、茯苓、贝母、桔梗、杏仁、玄参、赤芍、厚朴、陈皮各 30 克，细辛 60 克。按每只鸡每天每次 1.5～3 克，拌料或煎汁饮水，连用 5 天。

预防时机：开食即服。

【方剂三】白头翁散加减：黄连 30 克、黄柏 45 克、秦皮 60 克、白头翁 60 克、马齿苋 60 克、滑石 45 克、雄黄 30 克、藿香 30 克。为粉，按 2.5％比例拌料喂服，可预防本病；也可水煎去渣，药液加水稀释至每千克水含生药 20 克浓度，替代饮水用于病鸡治疗，连续使用 5 天。

【方剂源流】《中兽医验方与妙用》

【方剂四】雄黄 15 克、甘草 35 克、白矾 25 克、黄柏 25 克、黄芩 25 克、知母 30 克、桔梗 25 克。用法：100 只鸡用量。将上药碾碎拌入饲料，注意同时使鸡多饮清洁水，连服 3 天。

【方剂五】加减白头翁散：白头翁 50 克、黄柏 20 克、黄连 20 克、秦皮 20 克、乌梅 15 克、大青叶 20 克、白芍 20 克。共研细末，混匀，前 3 天每只鸡每天 1.5 克，后 4 天每天 1 克，混入饲料中喂服。病重不能采食者，可人工灌服。

【方剂六】蛇床子保健散：蛇床子 30％，吴茱萸 10％，硫黄 5％，玉米粉（或细米糠）55％。

制法：诸药制成细末，与玉米粉充分混匀即成。

用法与用量：按配合饲料的 1％拌入饲料中，连续饲喂 6 天，在用药的同时，可给鸡饮用 1％的明矾水，连用 3 天后，换成清水。

### 6. 综合防治措施及注意事项

（1）因为本病的主要宿主是鸡，而且经卵传播途径在感染循环中起着重要的作用。因此，采用检疫种鸡群，淘汰阳性鸡，逐渐净化而最终建立无病鸡群是控制本病的主要方法。

（2）从确知无鸡白痢和鸡伤寒的种鸡群引进雏鸡。

（3）严格执行兽医卫生管理制度。因为鸡伤寒可通过多种途径传播，感染鸡通过粪便排出细菌，可引起同居感染，鼠害也能传播本病；注意出入鸡舍的人员的卫生消毒，无论是本场的还是外来人员，运输车辆，均可携带感染；外购饲料等可污染带菌；野鸟和其他动物也是重要的带菌传播者。

## 三、鸡副伤寒

**1. 病原** 鸡副伤寒沙门氏菌。

**2. 流行病学**

（1）发病季节 无明显季节性。

（2）发病年龄 1～2月龄雏鸡多发。

（3）传播途径 经卵传播或经污染的环境传播。

**3. 临床症状** 精神沉郁，垂头闭目，两翅下垂，羽毛松乱，厌食，饮水增多，畏寒，扎堆，排白色水样粪便，肛门沾满粪便。有眼盲和结膜炎症状。

**4. 病理变化** 出血性肠炎，盲肠有干酪样物，小肠有出血。

**5. 防治方剂**

【方剂源流】《中兽医防治禽病》

【方剂一】狼牙草10克、血箭草9克、车前子6克、白头翁6克、木香6克、白芍8克。煎汁拌料，每1 000只10日龄雏鸡1次喂服，连喂5～7天。

【方剂二】马齿苋、地锦草、蒲公英各20克，车前草、金银花、凤尾草各10克（100只雏鸡1天喂量）。加水1 000毫升煎汁，过滤冷却后供病雏自由饮用，或拌料喂服，连服3～5天。

【方剂三】马齿苋100克、半边莲100克、车前草50克，加水2.5千克，煮沸15分钟冷却后，供500只雏鸡1天饮服，连喂3～5天。预防量减半。

【方剂源流】《中兽医验方与妙用》

【方剂四】黄连40克、黄芩40克、黄柏40克、金银花50克、桂枝45克、艾叶45克、大蒜60克、焦山楂50克、陈皮45克、青皮45克、甘草40克。

用法与用量：水煎，分3次供10日龄1 000羽雏鸡拌料并饮水，每天 1 剂，连用 5～7 天。10 日龄至 5 月龄，日龄每增加 10 天，剂量增加 0.1 倍。

【方剂五】血见愁 40 克，马齿苋 30 克，地锦草 30 克，墨旱莲 30 克，蒲公英 45 克，车前草 30 克，茵陈、桔梗、鱼腥草各 30 克。

用法与用量：煎汁，按每只 10 毫升，让鸡自饮。预防量减半。

【方剂六】黄连 20 克、黄芩 20 克、黄柏 20 克、焦山楂 30 克、栀子 20 克、五倍子 20 克、秦皮 30 克、甘草 20 克、金银花 20 克、肉豆蔻 20 克、陈皮 30 克、前胡 20 克、白头翁 20 克。

用法与用量：水煎，分 3 次供 300 只 21 日龄雏鸡 1 天拌料兼饮水，连用 3 天。1 月龄至成鸡（5 月龄），每增加 1 月龄，剂量增加 0.3 倍。

【方剂源流】《畜禽病土偏方疗法》

【方剂七】黄芩 500 克，土黄连 300 克，贯众 200 克，土大黄、仙鹤草各 100 克。

用法：1 000 只 1 月龄左右雏鸡用量，均为鲜重。切碎，加水 3 千克，煎至 1.5 千克，拌入饲料喂服。每天 1 剂，煎喂 2 次，连用 3～5 天。

**6. 综合防治措施及注意事项**

（1）因为鸡副伤寒可经卵传播，所以做好种鸡群和孵化场预防措施十分重要。主要预防措施包括：建立无鸡副伤寒种鸡群，饲料消毒、种蛋消毒，将清洁群的种蛋和感染群的种蛋分开，以及一般卫生防疫措施。

（2）在育雏期使雏鸡与传染源隔离是防止副伤寒发生的重要措施。

（3）饲料是鸡副伤寒沙门氏菌很常见和很重要的来源。因为饲料加工过程中产生的粉末易发生沙门氏菌污染，所以种鸡群应使用不含动物副产品或含已知沙门氏菌副产品的颗粒料。

（4）严格执行兽医卫生制度，禁止鸡副伤寒沙门氏菌通过人或其他动物传播。

## 四、禽霍乱

**1. 病原**　多杀性巴氏杆菌属巴氏杆菌属。

**2. 流行病学**

（1）发病季节　本病一年四季均可发生和流行，常为散发，或呈地方性流行，常见于潮湿、闷热季节，以及气候多变的春季容易发生，主要呈急性发作。

（2）发病年龄　通常在平养和环境卫生条件差的鸡场多发，育成鸡、成年鸡，特别是产蛋鸡易感多发，幼鸡也时有发生。

（3）传播途径　本病常为散发，或呈地方性流行。各品种鸡都能感染，主要是通过接触病鸡以及被病菌污染的饲料、饮水、用具等感染。饲养管理不善、长途运输、天气突变和阴雨潮湿等诱因都能促使本病的发生和流行。消化道、呼吸道、黏膜或皮肤外伤是本病主要的传播途径。

**3. 临床症状**

（1）最急性型　常见于本病暴发的初期，病鸡无明显的前驱症状而突然死亡。肥胖和产蛋率高的鸡较易发生。

（2）急性型　病鸡精神委顿，体温升高 $43\sim44℃$，食欲消失，渴欲增加，离群独处，羽毛松乱，翅膀下垂，不愿走动，头缩藏于翅下呈昏睡状。鼻和口中流出黏液，常频频摇头。呼吸困难，冠和肉髯肿胀、青紫色。腹泻，排出黄色、灰白色或淡绿色稀粪。

（3）慢性型　食欲减退，冠髯苍白、水肿，甚至发硬，出现干酪样，坏死脱落。窦、关节、趾爪肿胀。也可见渗出性结膜炎。

**4. 病理变化**

（1）最急性型　病变不明显。

（2）急性型　心外膜和心冠脂肪有出血点。肝肿大、质脆，表面密布灰白色和针尖状的坏死灶。肺充血和出血。十二指肠严重出血。产蛋鸡死亡，子宫常见有完整的鸡蛋。

（3）慢性型 多见于疾病流行的晚期，零星发生。病死鸡冠、肉髯淤血、水肿，质地变硬，肝变硬；鼻腔、鼻窦有多量黏液分泌物；关节肿大。

**5. 防治方剂**

【方剂源流】《中兽医方剂精华》

【方剂一】禽药片：一见喜 100 克，藿香、木香各 50 克，胡黄连、乌梅各 42 克，黄柏 35 克，苍术、半边莲、大黄、土霉素各 30 克，白芷 25 克，为末，加淀粉适量，制成 1 000 片，每片含中西药 0.5 克。成鸡每次 4～5 片投服，每日 2 次。预防量酌减。

【方剂二】白花蛇舌草散（急性型禽霍乱）：茵陈 100 克、半枝莲 100 克、白花蛇舌草 200 克、大青叶 100 克、藿香 50 克、当归 50 克、生地 150 克、车前子 50 克、赤芍 50 克、甘草 50 克。

用法：上方为 100 只鸡 3 天用量，水煎取汁，分 3～6 次饮服或拌入饲料，病重不食者，灌入药汁。

【方剂三】穿心莲片：穿心莲、板蓝根各 60 克，蒲公英、旱莲草各 50 克，苍术 30 克。为细末，加适量淀粉，压制成每片含生药 0.45g，烘干。每只鸡每天给药 3～4 片，每日 3 次投服。

【方剂四】禽康灵：巴豆霜 4 克、乌蛇 2 克、雄黄 1 克。为末，3 月龄以内的鸡每 20～50 只用药 1 克，成鸡每 5～10 只用药 1 克，拌饲喂给，或掺少许面粉做成条状填喂。

【方剂源流】《中药饲料添加剂》

【方剂五】鸡霍乱宁：穿心莲 6 份、板蓝根 6 份、蒲公英 5 份、旱莲草 5 份、苍术 3 份。

用法：混合粉碎成细末，加适量淀粉，压制成片，每片含生药 0.45 克，每次 3～4 片，每天 3 次，连续 3 天。

【方剂六】藿香四黄散：藿香 30 克、黄连 30 克、苍术 60 克、大黄 30 克、黄芩 30 克、乌梅 60 克、厚朴 60 克、黄柏 30

克、板蓝根 80 克。

制法：除大黄、乌梅分别研末另包外，余药共研细末，混匀备用。

用法与用量：将药末混入饲料喂服。每只成鸡治疗量为每次 1～1.5 克，每日 2 次。预防量减半。用本方治疗时，病初用大黄不用乌梅，如发现已拉稀 3 日以上，用乌梅不用大黄。预防时，可大黄、乌梅同时应用。

### 6. 治病方剂

【方剂源流】《禽病中西兽医防治技术》

【方剂一】六草丸：龙胆草、地丁草、紫草、鱼腥草、仙鹤草、甘草各等份，共研为末，加 2 倍量的面粉糊，搓成黄豆粒大小的药丸投服，成鸡 4～5 丸，雏鸡减半，每天 2 次，连服 7 天。也可用粉剂按 1‰比例拌料投喂。

【方剂源流】《中兽医防治禽病》

【方剂二】黄连 30 克、黄柏 30 克、金银花 40 克、柴胡 20 克、雄黄 10 克。用法：水煎，每日 1 剂，预防可连服 3 天，治疗可服至痊愈。

【方剂三】生牛蒡子粉 3 克，分 3 次服，每 4 小时加适量温开水调灌 1 次。

【方剂四】禽保健散：黄连须 30 克、黄芩 30 克、黄药子 20 克、金银花 40 克、栀子 30 克、柴胡 20 克、大青叶 30 克、防风 20 克、雄黄 10 克、明矾 10 克、甘草 10 克。防治鸡霍乱，保护率达 90％。用法：水煎，每天 1 次，连用 6 天。

【方剂五】半边莲 150 克，煎汤喂鸡，每天 1 次，连喂 3 天。

【方剂六】野菊花 60 克，石膏 15 克，加水 250 毫升煮沸，冷却后灌服。鸡每次 1 汤匙，每天 3 次，连喂 2～3 天。

【方剂七】白头翁 60 份，连翘 20 份，黄连、黄柏、金银花各 40 份，野菊花、板蓝根、明矾、蒲公英各 80 份，雄黄 4 份。共为细末（雄黄先研细末），充分混匀，日粮中添加 4％，或每天按每千克体重 2 克拌料喂服。

【方剂八】生地 150 克，茵陈、半枝莲、大青叶各 100 克，白花蛇舌草 200 克，藿香、当归、车前子、赤芍、甘草各 50 克。此方为 100 只鸡 3 天用量，水煎取汁，分 3～6 次饮服或拌入饲料，病重不食者灌服。

【方剂九】黄连解毒汤加减：黄连、黄芩、黄柏、栀子各 20 克，薄荷、菊花、石膏、柴胡、连翘各 30 克。水煎 2 次，药液拌料饲喂，每天 2 次。

【方剂十】黄芪、蒲公英、野菊花、金银花、板蓝根、葛根、雄黄各 50 克，藿香、乌梅、白芷、大黄各 250 克，苍术 200 克，共研细末，每日按饲料量的 1.5% 添加饲喂，连喂 7 天。

【方剂十一】雄黄、白矾、甘草各 30 克，金银花、连翘各 15 克，茵陈 50 克。粉碎拌料投喂，每次 0.5 克，每天 2 次，连用 5～7 天。

【方剂十二】土方（广西验方）：石膏 200 克、黄连 50 克、栀子 50 克、黄芩 50 克、穿心莲 200 克、连翘 50 克、桔梗 50 克、淡竹叶 50 克、千里光 100 克、甘草 20 克。

用法：煎水饮服，为 100 只鸡量。

【方剂十三】土方（浙江验方）：龙胆草 1 份、地丁草 1 份、紫草 1 份、甘草 1 份、鱼腥草 1 份、仙鹤草 1 份。

用法：等量为末，每千克饲料添加 10 克喂服。

【方剂十四】土方（湖北验方）：白头翁 100 克、半边莲 100 克、半枝莲 100 克、石膏 100 克、金银花 50 克、蒲公英 50 克、紫花地丁 100 克。

用法：水煎取汁，供 50 只鸡服。

【方剂十五】穿心莲 50 克、石菖蒲 50 克、花椒 100 克、山叉苦 50 克、岗梅 50 克、山芝麻 100 克、大英 50 克、金银花 50 克、黄柏 50 克、黄芩 50 克、野菊花 100 克、甘草 30 克，混合粉碎，按 1% 混入饲料中投喂，连用 2～3 天。

【方剂十六】穿心莲 6 份、板蓝根 6 份、蒲公英 5 份、旱莲草 5 份、苍术 3 份，共研细末，加入适量淀粉，压制成片，每片含生药 0.45 克。每次 3～4 片，每天 3 次，连用 3 天。

【方剂十七】茵陈 80 克、大黄 60 克、茯苓 60 克、白术 60 克、泽泻 60 克、车前子 60 克、白花蛇舌草 80 克、半支莲 80 克、生地 50 克、生姜 50 克、半夏 50 克、桂枝 50 克、白芥子 50 克。水煎取汁，饮服或拌入饲料。100 羽鸡一次用量。

【方剂十八】雄黄 30 克、白矾 30 克、甘草 30 克、双花 15 克、连翘 15 克、茵陈 50 克，共研为末，拌入饲料投喂，每只鸡每次 0.5 克，每天 2 次，连用 5～7 天。

【方剂源流】《中兽医验方与妙用》

【方剂十九】甲紫 25 克、贯众 15 克、葛根 80 克、紫草 50 克、黄连 70 克、板蓝根 20 克、穿心莲 30 克。

用法与用量：水煎成 2 000 毫升，加红糖 200 克、大蒜汁少许，候温后供 750 只成鸡饮用，每天 1 剂，每剂煎服 3 次。

【方剂二十】泽漆汤。

用法与用量：鲜品每只鸡每天 8 克，干品 2 克，煎汁拌入饲料中饲喂。

【方剂二十一】穿心莲、火炭母各 60 克，忍冬藤 70 克，黄芩 45 克，大青叶、桔梗各 40 克，黄连须 35 克，甘草 1 克。

用法与用量：供 200～300 只鸡用量，煎水饮服，药汁拌料喂服，每天 1 剂，连喂 8 天。

### 7. 综合预防措施及注意事项

（1）养殖场应建立和健全严格的饲养管理和卫生防疫制度。做好环境卫生及消毒工作，避免鸡群密度过大、鸡舍潮湿。增加营养，补足各种维生素。使鸡保持较强的抵抗力。

（2）引进种鸡时要加强检验。

（3）从未发生本病的鸡场可不进行疫苗接种。

（4）免疫接种禽霍乱疫苗，如禽霍乱 731 弱毒菌苗、禽霍乱油佐剂灭活菌苗、禽霍乱蜂胶苗等。

## 五、鸡白痢

**1. 病原**　鸡白痢沙门氏菌，属肠杆菌科。

**2. 流行病学**

（1）发病季节　无明显季节性。

（2）发病年龄　不同品种、不同年龄的鸡均有高度感染性，1～3周龄雏鸡多发。

（3）传播途径　本病最常见的传播途径是经卵垂直传播。

**3. 临床症状**　患病鸡主要表现为怕冷、扎堆，围在外面的小鸡往中间挤，身体蜷缩，精神沉郁，绒毛松乱，两翅下垂，畏寒，缩头闭目，食欲减退或停食。排出粉白带绿色粪便，沾污肛门周围绒毛，有的粪便干结封住肛门，排粪时发出尖叫声。眼睛下陷，脱水，脚趾干枯，部分鸡呼吸困难，张口喘气。

**4. 病理变化**　雏鸡肝脏肿大，呈土黄色或灰黄色，充血，并有条纹状出血，心肌、肝、肌胃、脾和肠道有白色坏死结节。肺出血或充血，呈紫红色或暗红色，有针头大灰白色坏死点。卵黄吸收不良，卵黄囊皱缩，内容物变为淡黄色奶油样或干酪样。成年母鸡病变见于卵巢变形、萎缩，卵黄呈半液状或油样，有时呈干酪样。

**5. 防治方剂**

【方剂源流】《中兽医防治禽病》

【方剂一】鲜乌韭200克，加水500毫升煎汁，供100只鸡饮用，连用3天。

【方剂二】铁苋菜2份，旱莲草1份。加10倍量水同煮，任鸡自由饮用，连服数日。

预防时机：2日龄开始。

【方剂三】大蒜、洋葱等份。切成碎末状，让鸡自食。

预防时机：2日龄开始。

【方剂四】组成：大蒜、鲜马齿苋。

用法：将大蒜和马齿苋切碎或捣成泥，或用手搓，使汁液渗入料内，与饲料混匀，在雏鸡开食第 3 日，每百只鸡，每天 5～6 头大蒜（约 33 克）、马齿苋 250 克，分 6 次饲喂，第 5 天大蒜为 8～10 头，马齿苋为 500～1 000 克，以后随日龄逐渐增加用量。

【方剂五】组成：地锦草、墨汁草，按 9∶4 比例配伍。

用法：将鲜草洗净切成约 9 厘米长，加清水煎煮（清水以刚刚盖过草为度），煎沸 20 分钟滤汁再煎，取 2 次煎汁混合，饮用。0.5 千克鲜草可煎成 2.5 千克药液。预防时连服 3～5 天，治疗时连服 5～7 天。

【方剂六】鱼腥草 240 克、地锦草 120 克、绵茵陈 90 克、桔梗 90 克、马齿苋 120 克、蒲公英 150 克、车前草 60 克，煎汁供 600 只雏鸡喂服。

【方剂七】辣蓼 150 克，切成 2～3 厘米长，加水 3 000 毫升，煎至 100 毫升，可供 1 000 只 1 月龄鸡一天用，每天分 3 次喂服，连用 3～5 天，滴服或拌料喂服。

【方剂八】血见愁 240 克、马齿苋 120 克、地锦草 120 克、墨旱莲 150 克，煎汁饮服或拌料，连用 3 天（500 只鸡用量）。

【方剂九】鱼腥草 240 克、地锦草 120 克、茵陈 90 克、桔梗 90 克、马齿苋 120 克、蒲公英 150 克、车前草 60 克，煎汁，拌料或饮水，可供 600 只鸡用。

【方剂十】白头翁 30 克、黄连 30 克、苦参 20 克、秦皮 20 克，均为干品，用水洗干净，加水 500 毫升，煮沸 30 分钟，取出药渣，用纱布过滤，获得第一次药液，所剩药渣再加水 500 毫升，煮沸 20 分钟，取出药渣，用纱布过滤，获得第二次药液。将两次药液混合，进行沉淀，共取药液 300 毫升使用。雏鸡一次内服 0.5～1 毫升，成鸡 1.5～2 毫升，日服 2 次。预防：100 毫升水加药液 10～20 毫升作为饮水供鸡自由饮服。现制现用，适宜当天用完。

预防时机：雏鸡自开食起内服。成鸡自发现个别鸡白痢患鸡出现而群防。

【方剂十一】5～6 日龄时每千只鸡组方：辣蓼 150 克（洗净晒干鲜品重，下同），刺野苋 150 克，野菊 50 克，凤尾草 50 克，3 倍水煮沸半小时，取汁，加水至鸡 1 小时饮完的用量即可。12～13 日龄时，方用辣蓼 300 克，刺野苋 300 克，凤尾草 100 克，酢浆草 100 克，用法同上。19～20 日龄时，方用辣蓼 500 克，刺野苋 500 克，凤尾草 150 克，酢浆草 150 克，马齿苋 150 克。以后可视情况每隔 2 周左右用药 2 天。另外，一见喜、荠菜、车前草、败酱草等也可斟酌加减试用。

【方剂十二】土方（山东验方）：紫花地丁 1 份、白头翁 1 份、败酱草 1 份、蒲公英 1 份。

用法：共为细末，按 1%～2% 比例加入饲料喂服。每只雏 1 克。

【方剂十三】土方（山东验方）：白头翁 60 克、龙胆草 30 克、黄连 10 克。

用法：煎水拌料，供 500 只 2～8 日龄雏 1 日服用。适用雏鸡白痢（湿热痢）。

【方剂十四】土方（山东验方）：苍术 30 克、山药 30 克、泽泻 60 克、白芍 60 克。

用法：共为细末，拌料喂服。为 800 只 7～15 日龄雏鸡 1 日用量。适用雏鸡白痢（虚寒痢）。

【方剂十五】土方（湖北验方）：鱼腥草 70 克、地锦草 30 克、绵茵陈 30 克、桔梗 30 克、铁苋菜 30 克、蒲公英 40 克、车前草 20 克、穿心莲 30 克。

用法：煎汁喂服，供 100 只雏鸡，连服 4 日。

【方剂十六】土方（江西验方）：仙人掌 1 000 克。

用法：去刺捣烂，为 1 000 只雏鸡剂量，分 2 次喂服。

【方剂十七】止痢汤：马齿苋 90 克、白头翁 80 克、黄柏 80 克、米壳 50 克、五倍子 50 克、甘草 30 克。

用法：煎水饮服，每日 2 次。

【方剂源流】《中兽医验方与妙用》

【方剂十八】止痢汤：马齿苋 90 克、白头翁 80 克、黄柏 80 克、五倍子 50 克、罂粟壳 50 克、甘草 30 克。

用法与用量：加水 10 千克煎汤，供 1 000 只鸡自饮，每天 2 次。

应用：发病初期可加穿心莲、郁金，病程较长者可加黄芪、白芍适量。

【方剂十九】白头翁、黄连、黄芩、黄柏、苍术各 20 克，诃子肉、秦皮、神曲、山楂各 2 克。

用法与用量：共研细末，雏鸡按 0.5％ 的比例混饲。预防量减半。

【方剂二十】白头翁、马齿苋、马尾连、诃子各 15％，黄柏、雄黄、滑石粉、藿香各 10％。

用法与用量：研碎混匀，按每只鸡 0.5 克，与少量面粉混合制成面团填喂。

【方剂二十一】公英散：蒲公英 10 份、甘草 3 份。

用法与用量：粉碎，按 2％ 添加于雏鸡日粮中混饲，出雏后连喂 3 周。

【方剂二十二】地墨汤：鲜地锦草 9 份、鲜墨汁草 4 份。

用法与用量：取 3 千克鲜草，切成约 10 厘米长，加水煎煮 2 次，供 200 只鸡服用，连用 5～7 天。

【方剂二十三】白术 10 克、白芍 10 克、白头翁 5 克。

用法与用量：以上药物研细过筛，雏鸡按每只每天 0.2 克拌料饲喂，连用 7 天。

【方剂二十四】白头翁 15 克、马齿苋 15 克、黄柏 10 克、雄黄 10 克、诃子 15 克、滑石 10 克、藿香 10 克。

用法与用量：混合粉碎成末，可供 1 000 只雏鸡服用 1 天。将药物用开水浸泡 20 分钟，将药汁兑入饮水中，药渣拌入饲料中喂给，连用 4～5 天。预防量减半。

【方剂二十五】大蒜 20 克、食醋 100 毫升。

用法与用量：大蒜去皮捣烂，放入食醋中泡 1～2 个月。临用前用水稀释 4 倍，每只鸡每次滴服 0.5～1.0 毫升，每天 3 次，连喂 3～5 天。

【方剂源流】《中兽医方剂精华》

【方剂二十六】鸡痢灵：雄黄、藿香、黄柏、滑石各 10 克，白头翁、诃子、马齿苋、马尾连各 15 克。为末，雏鸡 0.5 克。

【方剂二十七】白头翁、马齿苋各 30 克，黄连 15 克，黄柏 20 克，乌梅 15 克，诃子 9 克，木香 20 克，苍术 60 克，苦参 10 克。为末，雏鸡 0.3～0.5 克。

【方剂源流】《中兽医方剂辩证应用与解析》

【方剂二十八】制痢散：由白头翁 70 克、黄连 30 克、广木香 20 克、山楂 100 克组方，为细末，按 1：9 比例与饲料混匀饲喂雏鸡。

【方剂二十九】四二三合剂：由白头翁 4 份、龙胆草 2 份组方，共研细末，用米饭加蜂蜜适量拌匀，任雏鸡自由采食，每只雏鸡 0.4～0.7 克，连服 2～3 天。

【方剂三十】蓼马汤：由辣蓼 60 克、马齿苋 60 克组方，煎汤去渣，拌料喂服 100 只雏鸡，或混于水中使其自饮。

【方剂源流】《中药饲料添加剂》

【方剂三十一】白头翁止痢散：白头翁、蒲公英、葛根、乌梅各 40 克，黄芩、金银花、黄柏、甘草各 30 克。

制法：将各药粉碎，混匀。

用法与用量：按 1.5％比例添加于雏鸡日粮中。

【方剂三十二】蛇床子保健散：蛇床子 30％，吴茱萸 10％，硫黄 5％，玉米粉（或细米糠）55％。

制法：诸药制成细末，与玉米粉充分混匀即成。

用法与用量：按配合饲料的 1％拌入，连续饲喂 6 天，在用药的同时，可给鸡饮用 1％的明矾水，连饮 3 天后，换成清水。

【方剂源流】《畜禽病土偏方疗法》

【方剂三十三】巴豆。

用法：成鸡 1 粒/次，中鸡 0.5 粒/次，小鸡 1/3 粒/次。研碎成小粒服下，1次/天，连服2~3天。

【方剂三十四】仙人掌1~2克。

用法：去刺捣烂，取汁，或捣成泥状投服，1次/天，连服2天。

【方剂三十五】土霉素20~40克，大蒜3~4瓣。

用法：将大蒜去皮捣烂，加适当温水，再将土霉素片研成末加入大蒜中，充分拌匀，分2次喂服，此为1月龄内雏鸡每天用量，连服3~4天。

【方剂三十六】一见喜5克。

用法：揉烂搓团喂服（10只鸡用量）。

【方剂三十七】香附子15克，雷公藤1份，臭牡丹（嫩根）1份，烘干研粉。

用法：做成黄豆大小药丸，小鸡每次1丸（大鸡每次2丸），每日2次（早晚各1次），温水化服。

**6. 综合防治措施及注意事项**

（1）采取不断检验种鸡群和淘汰阳性鸡的方法，建立和保持无白痢鸡群是控制本病的最有效的措施。

（2）鸡白痢主要是通过种蛋传播的，因此，消灭种鸡群中的带菌鸡是控制本病的有效措施。

（3）从确认无白痢的鸡群引进种蛋或鸡苗。

（4）任何时候都不能将无白痢鸡与未确知无白痢的鸡群混养。

（5）加强饲养管理，严格执行卫生管理制度。

（6）值得注意的是：有些鸡群在发生鸡白痢的同时往往易继发一种或多种其他疾病，如大肠杆菌病、马立克病、曲霉菌病、其他沙门氏菌感染等。因此，防治鸡白痢的同时应注意防止继发感染。

## 六、鸡大肠杆菌病

**1. 病原**　大肠杆菌。

**2. 流行病学**

（1）发病季节　本病一年四季均可发生，以冬末春初较为多见。

（2）发病年龄　各品种和各种年龄的鸡均可感染，4 月龄以内鸡易发。

（3）传播途径　致病性大肠杆菌可经种蛋垂直传播，因而成为雏禽大量死亡的病因之一。感染来源主要有污染的种蛋，母鸡卵巢感染和输卵管炎。也可经粪便及被污染的饲料、饮水、垫草、灰尘、设备、人员、野鸟、鼠和昆虫等接触大肠杆菌而感染。粪便污染是其主要的传播方式。

**3. 临床症状**　病鸡主要临床症状是精神萎靡，两翼下垂，羽毛蓬乱，扎堆，食欲减退或废绝，身体消瘦，死前鸡冠、颜面呈紫色，爪无光泽，排黄色稀便。部分病鸡没有明显症状而突然死亡；或症状不明显；部分病鸡离群呆立，或挤堆，羽毛松乱，食欲减退或废绝，排黄白色稀粪，肛门周围羽毛污染。发病率、死亡率较高。

**4. 病理变化**　皮肤紫红色；腹腔液浑浊；心包液浑浊，心外膜有厚厚的纤维素膜覆盖；肝脏微肿，表面有大小不一的出血点，肝表面覆有一层纤维薄膜，有的可见肝肿大，呈铜绿色或土黄色，上有坏死灶；脾肿大，呈紫红色；肺淤血，气管环出血，气囊变厚，气囊内有淡黄色干酪样物（有时也在输卵管内出现），形成气囊炎、肝周炎、腹膜炎心包炎及输卵管炎。

（1）纤维素性心包炎　表现为心包积水，心包膜浑浊、增厚、不透明，甚至内有纤维素性渗出物，与心肌相连。

（2）纤维素性肝周炎　表现为肝脏不同程度的肿大，表面有不同程度的纤维素性渗出物，甚至整个肝脏被一层纤维素性薄膜所包裹着。

（3）纤维素性腹膜炎　表现为腹腔有数量不等的腹水，混有纤维素性渗出物，或纤维素性渗出物充斥于腹腔肠道和脏器间。

### 5. 防治方剂

【方剂源流】胡元亮《中兽医验方与妙用》

【方剂一】葛根 350 克，黄芩、苍术各 300 克，黄连 150 克，生地、丹皮、厚朴、陈皮各 200 克，甘草 100 克，研末拌料投喂，每只成鸡每日 1～2 克，分 3 天喂完。

【方剂二】苍术 50 克，厚朴、白术、干姜、肉桂、柴胡、白芍、龙胆草、黄芩、十大功劳各 25 克，木炭 100 克。

用法与用量：按大鸡 3～5 克、小鸡 1～3 克拌料喂服，每天 2 次。食欲废绝鸡水调灌服。预防剂量减半或间断拌料喂服。

【方剂源流】《中兽医禽病防治》

【方剂三】黄柏、黄连各 100 克，大黄 50 克，加水 1 500 毫升，微火煎至 1 000 毫升，药渣如上法再煎 1 次，合并 2 次药液，10 倍稀释于饮水中，供 100 只雏鸡自由饮用，每日 1 剂，连用 3 天。

【方剂四】黄连 10 克、黄柏 10 克、大黄 5 克，温开水煮熬 3 次（100 只成鸡用药量），供鸡自由饮服，效果良好。

预防时机：雏鸡 14 日龄时预防。成鸡于北方雨季预防。

【方剂五】黄连、黄柏、大青叶、穿心莲各 100 克，大黄、龙胆草各 50 克，加水 3 000 毫升煎至 2 000 毫升，稀释 10 倍，供 2 000 只鸡每天饮用，连用 5 天。

【方剂六】黄连 100 克、黄柏 100 克、大黄 10 克、穿心莲 100 克、大青叶 10 克、龙胆草 50 克。按 0.5％比例拌料喂服，连用 5 天。

【方剂七】板蓝根 100 克、穿心莲 100 克、葛根 50 克、白芍 50 克、黄连 100 克、秦皮 50 克、白头翁 50 克、连翘 100 克、苍术 50 克、木香 50 克、乌药 50 克、黄芪 50 克、甘草 50 克。按 1％比例拌料喂服。

【方剂八】黄连 30 克、黄芩 100 克、地榆 100 克、赤芍 50 克、丹皮 50 克、栀子 50 克、木通 60 克、知母 50 克、肉桂 20 克、板蓝根 100 克、紫花地丁 100 克，供 1 000 只鸡一次用量，混合研末后拌料投喂，连用3～5天。

【方剂九】加味三黄汤：黄连30克、黄芩30克、大黄20克、穿心莲30克、苦参20克、夏枯草20克、龙胆草20克、连翘20克、金银花15克、白头翁15克、车前子15克、甘草15克，加水煎至10千克，去掉药渣，将药液加水40千克稀释后，供250只鸡自由饮用。也可将药粉碎，按1‰比例拌料饲喂，连用3天。

【方剂十】病初病鸡无肾肿大时，以白头翁汤（由白头翁、黄连、黄柏、秦皮等份组成）喂服。每只鸡每天用量：10～20日龄时每味药各0.8克，25日龄后每味药各1.2克。当病鸡有肾肿大症状时，则用小柴胡汤：①20日龄前每只鸡每天用量：柴胡0.4克、黄芪0.3克、党参0.3克、半夏0.3克、甘草0.3克、生姜0.4克、大枣0.3克、车前子0.5克、蒲公英0.5克、萹蓄0.5克。②20日龄后每只鸡每天用量：柴胡0.8克、黄芪0.6克、党参0.6克、半夏0.6克、甘草0.6克、生姜1.2克、大枣0.6克、车前子1.2克、蒲公英1.2克、萹蓄1.2克。每天1剂，连用3天。

【方剂十一】复方白头翁散：白头翁150克、秦皮90克、诃子60克、乌梅100克、白芍100克、黄连100克、大黄90克、黄柏120克、甘草90克、云苓10克，粉碎过100目筛，按0.7％比例拌料喂服，具有较好的防治效果。

【方剂十二】白头翁500克、黄连500克、黄柏500克、甘草100克、鲜马齿苋1 000克。20日龄3 000只鸡每日用量，连用3～5天。

【方剂十三】黄芩、大青叶、蒲公英、马齿苋、白头翁各30克，柴胡15克，茵陈、白术、地榆、茯苓、神曲各20克，水煎2次，取汁自饮或拌料饲喂，每剂可供100只鸡服用，连用3天，对病重鸡可灌服10毫升左右，可控制死亡。

【方剂十四】白头苦参汤：白头翁100克、苦参100克、金银花50克、忍冬藤50克、泽泻30克、车前草30克、川黄连20

克、槟榔 20 克，饲喂 100 只鸡，连用 3 剂。

【方剂源流】《禽病中西兽医防治技术》

【方剂十五】黄连 100 克、黄柏 100 克、大黄 50 克，加水煎成 1 000 毫升，10 倍稀释于饮水中，供 1 000 只雏鸡饮用，每天 1 剂，连用 5 天。

【方剂十六】板蓝根、甘草各 50 克，龙胆草、白头翁、金银花、蒲公英各 40 克，黄连须、黄柏、苍术、厚朴、陈皮、藿香、车前、茯苓各 30 克，水煎 2 次，冬天加红糖、夏天加白糖为饮水，每天 1 剂，连用 3 天。

**6. 综合防治措施及注意事项**

（1）预防大肠杆菌病的主要措施是消除易感因素，其中包括给鸡接种鸡败血支原体疫苗、鸡传染性支气管炎疫苗和新城疫疫苗。

（2）加强饲养管理，确保鸡舍通风和用含氯制剂对饮水进行消毒也可降低大肠杆菌对环境污染水平；注意鸡舍的温、湿度和饲养密度。

（3）加强卫生、消毒。因为大肠杆菌对消毒剂敏感，且不能在 80℃ 以上的温度下存活，因此，彻底、及时清理鸡舍粪便并消毒，可减少鸡与致病性大肠杆菌接触的机会，这对预防大肠杆菌病有很大的帮助。

（4）注意饲料品质及营养平衡等。

（5）该病常继发于其他疾病，特别是在发生慢性呼吸道病时易继发，因此，平时应注意防范诱发因素。

## 七、鸡葡萄球菌病

**1. 病原**　葡萄球菌为革兰氏阳性球菌。

**2. 流行病学**

（1）发病季节　一年四季都能发生。

（2）发病年龄　40～60 日龄的鸡发病最多。

（3）传播途径　多经创伤造成感染，也可经呼吸道和其他途径感染。

**3. 临床症状**

（1）急性败血型　多发生于中雏，表现精神萎靡，缩颈闭目，羽毛松乱，食欲和饮欲减退或废绝。胸、腹部乃至嗉囊周围、翅膀、大腿内侧皮下水肿、出血，皮肤呈紫色或紫黑色，有波动感，破溃后流出红茶色或暗红色液体，沾污周围羽毛。

（2）关节型　被侵害的跗关节肿胀，有热感，行走时出现跛行或卧地不起。

（3）脐炎型　初生雏鸡明显表现为脐部肿大，有炎性渗出物，常有臭味。

**4. 病理变化**

（1）急性败血型　病鸡特征性病变是腹部皮下出血和炎性水肿，皮下出血，溶血，水肿液呈紫红色或黑褐色，有多量胶冻样、染有血色的渗出液，胸部和腿内侧肌肉有出血斑或条纹，胸骨柄处肌肉出血严重，实质器官充血肿大，肝脏肿大，呈淡紫红色。

（2）关节型　表现关节液增多，皮下水肿，腱鞘积有脓性渗出液。

（3）脐炎型　此病一般以幼雏为主，可见脐外围腹壁肿大发炎，脐环外周紫红或黑紫色，有暗红色或黄红色的渗出液。时间稍久则成脓性或脓样干涸坏死物。

**5. 防病方剂**

【方剂源流】《中兽医方剂精华》

【方剂一】金荞麦全草制剂或根制剂，预防量以 0.1%、治疗量以 0.2%的比例拌料，连喂 3～5 天。

【方剂二】金蒲散：蒲公英 150 克，野菊花、黄芩、紫花地丁、板蓝根、当归各 100 克，为末，混匀，按 1.5%比例混入饲料内，分 3 次给药，每次 1 周，两次之间隔 1 周，从 22 日龄开始用药，直到 56 日龄。用于预防雏鸡葡萄球菌病。

### 6. 防治方剂

【方剂源流】《中兽医防治禽病》

【方剂一】金银花 100 克、连翘 100 克、防风 60 克、白芷 40 克、蝉蜕 60 克、知母 70 克、花粉 80 克、黄连 40 克、木通 40 克、丹皮 60 克、生地 60 克、乳香 40 克、没药 40 克、陈皮 50 克、甘草 40 克。煎液全天饮服，每天 1 剂，连用 2 天，对因刺种鸡痘疫苗不慎而引起的继发性葡萄球菌病，效果较好。

【方剂二】金银花 2 克，连翘、栀子、甘草各 0.5 克，地丁 1 克，为 1 只鸡每天用量，水煎分 2 次饮用。连用 3~5 天。

【方剂三】黄连 10 克、黄芩 10 克、黄柏 15 克、大黄 15 克、板蓝根 20 克、茜草 10 克、大蓟 10 克、栀子 10 克、车前子 10 克、神曲 10 克、甘草 10 克。按 1% 比例拌料喂服，连用 3~5 天。适用于脐炎型和急性败血型鸡葡萄球菌病。

【方剂四】鱼腥草 90 克、麦芽 90 克、连翘 45 克、白及 45 克、地榆 45 克、茜草 45 克、大黄 40 克、当归 40 克、黄柏 50 克、知母 30 克、菊花 80 克。

用法：混合粉碎，按每鸡每天 3.5 克拌料喂服，连用 4 天。

【方剂源流】《中兽医验方与妙用》

【方剂五】复方三黄加白汤：黄芩 100 克、黄柏 100 克、黄连 100 克、白头翁 100 克、陈皮 100 克、厚朴 100 克、香附 100 克、茯苓 100 克、甘草 100 克。

用法与用量：水煎，供体重 1 千克以上鸡 1 000 只 1 天饮用，连用 3 天。

【方剂六】鱼腥草 90 克、连翘 45 克、大黄 40 克、黄柏 50 克、白及 45 克、地榆 45 克、知母 30 克、菊花 80 克、当归 40 克、茜草 45 克、麦芽 90 克。

用法与用量：粉碎混匀，按每只鸡每天 3.5 克拌料，4 天为一疗程。

【方剂七】四黄小蓟饮：黄连、黄芩、黄柏各 100 克，大黄、甘草各 50 克，小蓟（鲜）400 克，煎 3 次得滤液约 5 000 毫升，供 1 600 只雏鸡自饮，每天 1 剂，连用 3 天。

【方剂八】蒲公英 1.5 份，野菊花、黄芩、紫花地丁、板蓝根、当归各 1 份。

用法与用量：粉碎，混匀。按 1.5% 的比例拌料喂服，每天 3 次，连用 7 天为一个疗程。隔 7 天再服。

**7. 综合防治措施及注意事项**

（1）鸡群饲养密度应合理。

（2）笼养鸡时，应注意经常检查笼具，以防造成鸡的外伤。

（3）注意鸡舍的环境卫生，定期用 0.3% 过氧乙酸带鸡消毒。

（4）预防此病也可用葡萄球菌多价氢氧化铝灭活苗。

（5）本病常在鸡痘发生的过程中暴发，造成严重损失。因此，做好鸡痘的免疫接种是预防本病的重要措施。

## 八、链球菌病

**1. 病原**　禽链球菌，通常为兰氏血清群 C 群和 D 的链球菌。

**2. 流行病学**

（1）发病季节　多呈地方性流行，无明显季节性。

（2）发病年龄　各种日龄的鸡都可感染。

（3）传播途径　通过消化道和呼吸道感染。

**3. 临床症状**

（1）急性型　主要表现为败血症状。突然发病，精神萎靡，嗜睡或昏睡状，食欲下降或废绝，羽毛松乱，无光泽，鸡冠和肉髯发紫或苍白，有时还见肉髯肿大。病鸡腹泻，排出淡黄色或灰绿色稀粪。

（2）亚急性/慢性型　体重下降，消瘦，跛行，头部震荡，或仰于背部，喙朝天，部分病鸡腿部轻瘫，站不起来。

**4. 病理变化**　主要呈现败血症变化。皮下、浆膜及肌肉水肿，心包内及腹腔有浆液性、出血性或浆液纤维素性渗出物。心冠状沟及心外膜出血。肝脏肿大，淤血，暗紫色，见出血点和坏死点，有时见有肝周炎；脾脏肿大，呈圆球状，或有出血或坏死；肺淤血或水肿；有的病例喉头有干酪样粟粒大小坏死，气管和支气管黏膜充血，表面有黏性分泌物；肾肿大。

**5. 防治方剂**　本病防治方剂很少，主要依靠加强饲养管理。

【方剂源流】《中兽医验方与妙用》

【方剂一】穿心莲 50 克、金银花 25 克、地胆头 50 克。煎汁，供 100 只鸡喂服，连服 3 日。

【方剂二】金银花、麦冬各 15 克，连翘、蒲公英、紫花地丁、大黄、山豆根、射干、甘草各 20 克。

用法与用量：煎汁，供 500 只鸡拌料喂服。病重鸡灌服。

【方剂三】射干、山豆根各 15 克，煎成 1 300 毫升，加冰片 0.15 克，供 500 只鸡 1 天灌服。

【方剂四】野菊花、忍冬藤、筋骨草各 50 克，犁头草 40 克，七叶一枝花 25 克，水煎，供 500 只鸡分 2～3 次灌服或拌料喂服。

【方剂五】一点红、蒲公英、犁头草、田基黄各 40 克，积雪草 50 克，水煎，供 500 只鸡分 3 次灌服或拌料喂服，每天 1 剂，连用 3～4 天。

【方剂源流】《中兽医防治禽病》

【方剂六】三金汤：金银花、荞麦根、广木香、地丁、连翘、板蓝根、黄芩、黄柏、猪苓、白药子各 40 克，茵陈蒿 35 克，藕节炭、血余炭、鸡内金、仙鹤草各 50 克，大蓟、穿心莲各 45 克。以上为约 1 000 只 40 日龄左右肉鸡的 1 天剂量。水煎 2 次，取汁供鸡饮服，每天 2 次，连用 5 天为一疗程，对病重鸡可每次滴服原药液 2 毫升。

**6. 综合防治措施及注意事项**

（1）本病的防治原则，主要是减少应激因素，预防和消除降低鸡体抵抗力的疾病和条件。

（2）加强饲养管理，供给全价饲料，保持鸡舍合理温度、湿度，保持空气流通，提高鸡体的抗病能力。

（3）严格执行兽医卫生制度，保持鸡舍及周围环境清洁卫生并定期消毒，带鸡消毒是有效的预防措施。

# 第三节　鸡寄生虫病

## 一、鸡球虫病

**1. 病原**　鸡球虫是一种原虫，分类学上属于原生动物亚界顶器门孢子虫纲真球虫目艾美耳科艾美耳属。

**2. 流行病学**

（1）发病季节　通常在高温高湿环境下发病。

（2）发病年龄　主要发生于20～50日龄雏鸡。

（3）传播途径　排出的粪便污染环境，引起易感鸡感染。

**3. 临床症状**

（1）急性型　雏鸡多见精神萎靡，羽毛逆立，头体蜷缩，食欲减退或废绝，贫血，排水样带血便或红棕色稀便，死亡率50%～100%。

（2）慢性型　以成鸡发病为主，主要特点为病鸡逐渐消瘦，间歇性下痢或有血便。

**4. 病理变化**　盲肠球虫引起盲肠肿胀，黏膜出血及坏死，小肠有出血，肠壁变厚，出血糜烂，或混有带血的干酪样凝栓。小肠球虫引起小肠扩张增厚，黏膜显著充血、坏死，肠壁浆膜和黏膜层可见黄白色斑点，肠内黏液增多等。

**5. 防病方剂**

【方剂源流】《中兽医禽病防治》

【方剂一】球虫净：常山200克、柴胡60克。加水400毫升，煎至250毫升。治疗，每只10毫升，每天1次，连用3～4天；预防，每只5毫升，每天1次，连用3～4天。

【方剂二】白头翁20克、黄连10克、秦皮10克、苦参10克、金银花12克、白芍15克、郁金15克、乌梅20克、甘草15克。56只雏鸡1天量。粉碎，拌料喂服，连用4天。预防药量减半。

预防时机：雏鸡 2 周龄开始。

【方剂三】白头翁 20 克、苦参 10 克、黄连 5 克。水煎取汁，供 100 只 3 周龄以上鸡饮服，每天 1 次，连用 3～5 天。

【方剂四】马齿苋 60 克、车前草 60 克、地锦草 60 克。水煎取汁，供 100 只 3 月龄鸡饮服，连用 3～5 天。

【方剂五】大茶叶根 100 克、柴胡 50 克，煎水饮服，为 100 只鸡剂量，连用 3～5 天。

预防时机：20 日龄雏鸡。

【方剂六】黄连 10 克、黄柏 10 克、黄芩 10 克、大黄 10 克、紫草 15 克。供 20 只 30 日龄雏鸡用。煎汁拌料，每天喂 2 次，连用 3 天。

【方剂七】青蒿、常山各 80 克，地榆、白芍各 60 克，茵陈、黄柏各 50 克。粉碎为末，每日将中药粉剂按饲料用量的 1.5％比例添加，充分拌匀，任鸡自由采食（25 日龄开始投药），连续饲喂 7 天进行防治，效果好。

**6. 防治方剂**

【方剂源流】《中兽医禽病防治》

【方剂一】柴胡 9 克、常山 25 克、苦参 18.5 克、青蒿 10 克、地榆炭 9 克、白茅根 9 克。粉碎过筛、混匀。治疗按 1％比例混料，连用 8 天；预防按 0.5％比例混料，连用 5 天。

【方剂二】白头翁 20 克、黄连 10 克、秦皮 10 克、苦参 10 克、金银花 12 克、白芍 15 克、郁金 15 克、乌梅 20 克、甘草 15 克。此为 56 只雏鸡 1 日量，连用 4 天。

方中黄连、白头翁、秦皮、苦参清热燥湿，善治下痢热泻为君；金银花清热解毒，治热毒泻痢为臣；白芍柔肝止痛，敛阴养血，郁金凉血行气，疏肝祛瘀，乌梅收敛止痢共为佐；甘草调和诸药为使。君臣佐使相伍，清热燥湿，行气祛瘀，止泻止痢。主治热毒下痢为主的球虫病。

【方剂三】大黄 5 克、黄芩 15 克、黄连 4 克、黄柏 6 克、甘草 8 克。为末，每只每次 2～3 克，每天 2 次拌料喂服，连喂 3 天。

【方剂四】常山 120 克、柴胡 30 克，加水 1.5～2 千克煎汁，供 150 只鸡饮水。

【方剂五】铁苋菜、旱莲草各等份。煎汤，每只鸡每天服药 2～4 克，连服 3 天，效果较好。

【方剂六】青蒿、常山各 80 克，白芍各 60 克，茵陈、黄柏各 50 克，研末，按 1.5% 比例拌料投服。

【方剂七】驱球散：常山 2 500 克、柴胡 900 克、苦参 1 850 克、青蒿 1 000 克、地榆炭 900 克、白毛根 900 克，加蒸馏水煎煮 3 次，浓缩至 2 800 毫升。或者粉碎成粗粉，过筛，混匀备用。

用法：治疗时，将原药液配成 25% 浓度，在每 15 千克饲料中加 4 000 毫升稀释后的药液，拌匀，连续饲喂 8 天。预防时，在饲料中添加 0.5% 驱球散粉末，使鸡自由采食，连续用药 5 天。

【方剂八】球虫七味散：青蒿 60 克、常山 35 克、草果 20 克、生姜 30 克、柴胡 45 克、白芍 40 克、甘草 20 克，煎汤去渣，拌入精料供 50 日龄雏鸡 100 只自由采食服用，1 剂药煎 2 次，每日上、下午各喂 1 次。

【方剂九】规那皮散：规那皮（奎宁树皮）、黄连、黄芩、黄柏、邪胆子、甘草各 5 克，为极细末，初生雏鸡每次 0.5 克，连服 10～15 天。

【方剂十】四黄散：黄连、黄柏、黄芩、大黄各 10 克，紫草 15 克，煎汤去渣，拌饲料中供 20 只 30 日龄左右鸡服用。

【方剂十一】球虫九味散：白术、茯苓、猪苓、桂枝、泽泻各 15 克，桃仁、生大黄、地鳖虫各 25 克，白僵蚕 50 克。共研细末，拌料喂服或灌服。雏鸡每次每只 0.3～0.5 克，成鸡 2～3 克，每天 2 次，连用 3～5 天。

【方剂十二】常山 500 克、柴胡 75 克，每只鸡每天 1.5～

2.0 克，加水 5 000 克煎汁饮水，连用 3 天。

【方剂十三】血见愁 60 克、马齿苋 30 克、地锦草 30 克、凤尾草 30 克、车前草 15 克，每只鸡每天 1.5～2.0 克，煎汁饮水，连用 3 天。

【方剂十四】白头翁 20 克、苦参 10 克、黄连 5 克，加水 1 500～2 000 毫升，水煎饮服，供 100 只 3 周龄以内雏鸡饮用，每天 1 次。供 4 周龄以上的小鸡饮用，则将上药煎至 500 毫升，饮服，每天 2 次。病情较重者，将上药煎至 100 毫升，灌服，每只 1～3 毫升。连用 5～7 天。

【方剂十五】地锦草 60 克、仙鹤草 45 克、马齿苋 50 克，水煎，供 100 只雏鸡饮服，1 剂两煎，每天饮服 2 次，每天 1 剂，连服 3～5 天。病情较重者，可酌情加大药量。

【方剂十六】柴胡 10 克、青蒿 10 克、仙鹤草 20 克、常山 10 克、地榆 10 克、苦参 10 克、生地 10 克、车前草 20 克。以上为 100 只体重 500 克左右鸡的一日剂量。用法是将原药材饮片粉碎，水煎，用纱布过滤，其药汁作为饮水让鸡自饮，药渣拌入饲料喂服；也可用药粉加入沸水焖泡半个小时以上，取汁供鸡饮用，药渣拌入饲料喂服，全群给药。若无粉碎设备，也可将原药材饮片水煎 2 次，分别取汁作为饮水喂鸡，药片渣弃去。喂药时，应尽量使每只鸡摄入充足的药液。该方具有抑虫、止血、止痢、消炎等功效。对鸡盲肠球虫病、鸡小肠球虫病，治疗第 1 天应给服抗球虫西药（首选三字球虫粉或磺胺喹噁啉、二甲氧苄氨嘧啶、盐酸氨丙啉等药物），并立即投服该方 1 剂，可控制鸡的死亡；第 2～3 天继续用中西药分别投服，一般连用 3 天。如果发现鸡球虫与大肠杆菌混合感染，则该方中应加穿心莲、白头翁、龙胆草等药。

【方剂十七】（小肠球虫病）：常山 15 克、青蒿 12 克、邪胆子 15 克、白头翁 15 克、大黄 10 克、黄柏 12 克、当归 8 克、党参 10 克、白术 5 克，以上为 300 只仔鸡 1 天剂量，做成散剂拌料喂服。配合西药地克珠利（抗球虫药之一）、维生素 $K_3$；另外，加上 B 族维生素和维生素 E 调节鸡体神经机能，增强鸡体抗病能力，配以电解多维、葡萄糖补充营养成分，调节鸡体的酸碱平衡，保护肝脏。一般需连续用药 3～5 天。

【方剂十八】柴胡 300 克、青蒿 500 克、仙鹤草 500 克、常山 400 克、苦参 400 克、地榆 500 克、生地 400 克、车前草 500 克，1 剂用量按每千克体重 2 克，水煎，取汁自饮，药渣拌料喂服。

【方剂十九】旱莲草 250 克，为 100 只鸡 1 天剂量，煎汁自饮，连服数天。

【方剂源流】《中兽医验方与妙用》

【方剂二十】五草汤：旱莲草、地锦草、鸭跖草、败酱草、翻白草各等份。

用法与用量：14～16 日龄鸡，鲜败酱草、蒲公英各等份，切碎，治疗量每只 7 克、预防量每只 5 克喂服，每天 1 次，连喂 3 天；20 日龄鸡，上五草煎汁，鲜品治疗量每只 8 克、预防量每只 6 克，干品治疗量为每只 1～2 克、预防量每只 0.5～1.0 克，拌料喂服，每天 1 剂，连用 3 天；1 月龄鸡，用上五草煎汁，鲜品治疗量每只 10 克、预防量每只 8 克，拌料喂服，每天 1 次，连用 3 天；6～8 周龄鸡，上五草去翻白草，加蒲公英、小蓟各等份，鲜品每只 10 克，煎汤拌料或切碎作为青饲料饲喂，每天 1 次，连喂 3 天。

【方剂二十一】白头翁 500 克、马齿苋 750 克、石榴皮 750 克、墨旱莲 800 克、地锦草 500 克。

用法与用量：混合粉碎，按每千克体重 2 克拌料饲喂，连用 4～5 天。预防按每千克体重 1 克。

【方剂二十二】黄连、苦楝皮各 6 克，贯众 10 克。

用法与用量：水煎取汁，成年鸡分 2 次、雏鸡分 4 次灌服，每天 2 次，连用 3～5 天。

【方剂源流】《中兽医方剂辩证应用及解析》

【方剂二十三】禽康灵：由巴豆霜 4 克、乌蛇 2 克、雄黄 1

克组方,共为末,3 月龄以内的鸡每 20～50 只用药 1 克,成鸡每 5～10 只用药 1 克,拌料喂服,或掺少许面粉做成条状填喂。

【方剂源流】《畜禽病土偏方疗法》

【方剂二十四】黄芩 400 克,土黄连(三颗针)、柴胡(全草)各 200 克,仙鹤草根、贯众各 150 克(上药均鲜品)。

用法:上述剂量为 1 000 只 1 月龄左右雏鸡用量。将上药分别切成 2～3 厘米长,合并后加水 3 000 毫升,煎至 1 500 毫升,拌料喂服。每天 1 剂,连用 3～5 天。如因病重有个别不能食者,可用滴管喂服,每天 3 次,每次约 10 毫升。

【方剂二十五】血见愁 60 克,马齿苋、地锦草、凤尾草各 30 克,车前草 15 克。

用法:取汁代替饮水。以上剂量为 100 只 1 月龄左右鸡 1 日的用量。

【方剂二十六】地锦草、墨草适量。10 日龄以内雏鸡,地锦草、墨草用量之比为 3∶2,10 日龄以上的为 2∶3。

用法:将二药全草(新鲜或晒干都可)洗净后切成约 10 厘米长,加清水淹没药,煎煮 30 分钟,煎 2 次,合并煎汁。治疗时,药料比为 1∶9～1∶8,将煎汁稀释至饮水量的一半,1 次或 2 次使鸡饮服,饮完药水,再给普通水,5 天为一疗程。预防量酌减。

【方剂二十七】常山、柴胡合剂。

用法:常山 250 克、柴胡 125 克,加清水 5 千克煎汁。1 月龄幼鸡每只服 10 毫升,连用 3 天,有较好疗效。

【方剂二十八】野菊花干粉。

用法:在鸡饲料中添加 3%～5% 的野菊花干粉。

【方剂源流】《中药饲料添加剂》

【方剂二十九】蛇床子保健散:蛇床子 30%,吴茱黄 10%,硫黄 5%,玉米粉(或细米糠)55%。

制法:诸药制成细末,与玉米粉充分混匀即成。

用法与用量:按 1% 比例拌入饲料中,连续饲喂 6 天,在用药的同时，可给鸡饮用1‰的明矾水，连用3天后，换成清水。

**7. 综合防治措施及注意事项**

（1）切断球虫的体外传播途径，如搞好卫生、定期消毒、保持鸡舍通风和地面或垫草干燥、勤清扫鸡舍、无害化处理粪便等，是防止本病发生的有效措施。

（2）水泥地面和墙壁最好用火焰喷射消毒。

（3）由于球虫对药物易产生抗药性，因此常用的抗球虫药应交替使用，或联合使用几种高效抗球虫药。

（4）患球虫病的鸡群极易继发大肠杆菌病、沙门氏菌病和其他病毒性疾病，因此，在投喂抗球虫药防治本病的同时，还应辅以一定的抗菌药物和疫苗接种。

（5）及时调整鸡群日粮结构，注意饲料品质，饲料营养要全面，尤其是维生素、微量元素、蛋白质水平应合理，以增强鸡群的体质，提高免疫力。

## 二、鸡蛔虫病

**1. 病原** 禽蛔科禽蛔属的鸡蛔虫。

**2. 流行病学**

（1）发病季节 通常在28～30℃环境下易发病。

（2）发病年龄 各种年龄的鸡均有感染，主要危害3～10月龄的鸡。

（3）传播途径 鸡摄入被感染性虫卵污染的饲料或饮水而感染。

**3. 临床症状** 病雏鸡生长发育不良，精神萎靡，常出现呆立呆卧，行动无力，食欲减退。成鸡冠、肉垂苍白，消瘦，产蛋量下降和贫血等。当肠受侵害严重时，小肠运动失常，排白色稀便，有时排血便。当肠堵塞时，鸡出现不思饮食，继而饮食废绝，衰竭而死。

**4. 病理变化** 小肠黏膜发炎、出血，肠壁上有颗粒状化脓灶或结节。严重感染时可见大量虫体聚集，相互缠结，引起肠堵塞，甚至肠破裂和腹膜炎。

### 5. 防治方剂

【方剂源流】《中兽医禽病防治》

【方剂一】川楝皮 2 份，使君子 2 份。

用法：共研细末，加面粉，水拌制成黄（绿）豆大小药丸，给鸡每日服 1 丸。

注意：川楝皮毒性大，尤其是外层黑皮毒性更大，必须用时用刀刮除黑皮再入药。

【方剂二】驱虫散：槟榔子 125 克、南瓜子 75 克、石榴皮 75 克，研成粉末，按 2％比例拌于饲料中，空腹喂给，每天 2 次，连用 2～3 天。

【方剂三】苦楝根皮汤：苦楝树根皮 25 克，水煎去渣，加红糖适量。按 2％比例拌入饲料，空腹喂给，每日 1 次，连用 2～3 天。

【方剂四】使君子 7 克、贯众 5 克、槟榔 2 克、石榴皮 5 克、二丑 7 克、大黄 3 克、芒硝 4 克。粉碎，按 2％比例拌料饲喂，喂前停食半天。

【方剂五】南瓜子散：南瓜子 100 克，焙焦，为末，拌米饭喂 5 只成年鸡。

【方剂六】苦楝树二层白皮 90～120 克。

用法：炒后加水煎服。

【方剂七】乌梅 8 克，附子、细辛、干姜、川椒各 6 克、桂枝 10 克、党参、当归各 15 克，黄柏 12 克，黄连 7 克。

用法：煎水灌服，每天 1 剂，共用 3 剂。

【方剂八】槟榔 15 克，芜荑、使君子、元胡、白芍、鹤虱各 10 克，川楝子 8 克，甘草 6 克，烧乌梅 3 个。

用法：煎水灌服，每天 1 剂，连用 3 剂。

【方剂九】广木香、吴茱萸、陈皮、川椒、甘草各 8 克，淮山药、黄芪各 15 克，烧乌梅 2 个，白术 10 克，黄连 6 克。

用法：煎水灌服，每天 1 剂，共服 3 剂。

**6. 综合防治措施及注意事项**

（1）加强饲养管理，喂给全价饲料。

（2）搞好环境卫生，及时清除粪便，堆积发酵，以杀灭其中虫卵。在受威胁鸡群中，有计划地预防驱虫十分重要。第一次驱虫在2～3月龄进行，第二次驱虫在产蛋前一个月进行。

## 三、鸡绦虫病

**1. 病原**　最常见的是戴文科赖利属和戴文属以及膜壳科剑带属的多种绦虫。

**2. 流行病学**

（1）发病季节　感染多发生在中间宿主活跃的4～9月份。

（2）发病年龄　不同年龄的鸡均能感染，但以幼鸡为重。

（3）传播途径　通过中间宿主进行传播。

**3. 临床症状**　病鸡发生急性肠炎，腹泻，粪便中含有发臭黏液，并常带血色。继之精神委顿，运动迟钝，高度衰弱与消瘦，羽毛污秽，呼吸困难，四肢无力，麻痹以致死亡。

**4. 病理变化**　剖检可发现虫体，可见尸体消瘦，肠黏膜肥厚，有时肠黏膜上有出血点，肠管黏液增多、恶臭，黏膜增厚，有出血点，严重感染时，虫体可阻塞肠道。

**5. 防治方剂**

【方剂源流】《中兽医禽病防治》

【方剂一】南瓜子0.8克、槟榔0.6克。1只鸡用量。研末，拌少量料1次喂服，喂前停食3～4小时。隔日每只再用硫双二氯酚0.2克一次投服。5日后再按上述方法和药量第二次驱虫。隔6日第三次驱虫。

【方剂二】槟榔，研细粉，与温开水、面粉按5∶4∶1的比例拌匀制丸，每丸1克（含槟榔粉0.5克），晒干。按每千克体重2丸于早上空腹投服，服药后任其自由饮水。

【方剂三】鹤草根芽丸：仙鹤草根和根上发出的芽，洗净，晒干，研细，用少量面粉和水制成药重1～2克的粒丸。鸡按每千克体重服 1 粒，连服 1~2 次。仙鹤草根芽亦可制成浸膏，按每千克体重 150 毫克有效剂量内服。

【方剂源流】《畜禽病土偏方》

【方剂四】干仙鹤草 500 克。

用法：加水 1 000 克，煎煮至 1 000 毫升，每次 45 毫升。

【方剂五】使君子 50 克、雷丸 50 克、槟榔 50 克、川椒 50 克、黑丑 50 克、白丑 50 克、香油 200 克。

用法：共研末，开水冲泡并用白糖、香油调匀灌服，服药前绝食 24 小时。

【方剂六】川楝子 35 克、天黄 5 克、芒硝 50 克、枳实 25 克、黑丑 50 克、白丑 50 克、鹤虱 25 克、雷丸 25 克、大白 35 克、条芩 30 克、茯神 25 克、远志 25 克、枣仁 35 克、使君子 50 克、甘草 15 克。

用法：水煎灌服。

【方剂七】槟榔 15 克、苦楝根皮 24 克、雷丸 18 克、皂角 20 克、木香 18 克、二丑 20 克、沉香 10 克、大黄 20 克。

用法：共研为末，开水冲，候温，空腹灌服。

【方剂八】槟榔 30 克、使君子 21 克、鹤虱 21 克、贯众 21 克、苦参 15 克、二丑 30 克、郁李仁 21 克，苦楝根皮为引。

上药水煮数十沸，候温，空腹灌服。

【方剂源流】《中兽医方剂》

【方剂九】槟榔灭绦汤：槟榔 300 克、贯众 280 克、红石榴皮 280 克、木香 300 克、大黄 280 克、茯苓 300 克、泽泻 300 克，煎汤，供 1 400 只饮服。

**6. 综合防治措施及注意事项**

（1）预防和控制鸡绦虫病的关键是消灭中间宿主，从而切断绦虫的生活史。

（2）改善环境卫生，在鸡舍附近，主要是运动场上应堵塞蚁穴，定期开展舍内外灭蝇、灭虫工作，翻耕运动场，并撒草木灰等进行消毒。

（3）加强粪便管理，密切监测感染情况，在鸡绦虫流行的地区，应根据各种病原发育史的不同，定期进行预防性成虫期前驱虫。

## 四、鸡虱病

**1. 病原**  虱为鸡体的一种体外寄生虫，属昆虫纲食毛目短角鸟虱科。

**2. 流行病学**

（1）发病季节  一年四季均可感染，但冬季较为严重。

（2）发病年龄  不同日龄的鸡均可发生。

（3）传播途径  直接接触感染。

**3. 临床症状**  鸡群精神活泼，时常拥挤、躁动不安，出现惊群现象，羽毛蓬乱，多数鸡啄自身羽毛，鸡体消瘦，掉毛处皮肤可见红疹、皮屑，皮肤发炎、出血。查看鸡体，可见头、颈、背、腹、翅下羽毛较稀部位皮肤及羽毛基部上有大量羽虱爬动。病鸡表现食欲减少，逐渐消瘦，产蛋量下降。雏鸡生长受阻，抵抗能力降低，甚至衰弱死亡。

**4. 防治方剂**

【方剂源流】《中兽医禽病防治》

【方剂一】百部1千克（200只鸡用量），加水50千克，煎煮30分钟，纱布过滤，药渣再加水35千克，煎煮30分钟，过滤，混合2次药液，选择晴天进行药浴（抓住鸡的翅膀，将鸡全身浸入药液，浸透羽毛后，提起鸡沥去药液），第2天再药浴1次。

【方剂二】硫黄粉8份，滑石粉2份，混匀，撒于患鸡羽毛中。

【方剂三】取百部草15～20克，浸入米酒0.5千克，浸制5天，用时拿干棉球蘸药在鸡的皮肤上擦，每天擦1次，连续3天。

【方剂源流】《畜禽病土偏方疗法》

【方剂四】20％硫黄、沙土 100 千克。

用法：对病鸡进行沙浴。

【方剂五】百部草 200 克加水 600 毫升，煎煮 20 分钟去渣即可；或用百部草 100 克加白酒 250 克，浸泡 2 天，待药液呈黄色即可。

用法：用药液涂擦患处 1～2 次，可达灭虱效果。

**5. 综合防治措施及注意事项**

（1）预防　鸡舍要保持清洁、卫生。

（2）经常开展消毒工作，秋、冬季定期检查鸡体表，发现鸡虱及时给予治疗。

# 第五章

## 鸡用中草药的制作和使用

前几章已经阐述在有机柴鸡饲养管理过程中使用中草药防病治病的目的和意义，本章将对鸡用中草药的制作，以及规模化鸡场如何使用做简单介绍。

中草药防病治病是我国中兽医防治禽病的传统方法，也是在我国生产有机畜禽行之有效的方法。古代，利用中草药防治禽病，施治对象仅有几只禽或几十只禽，现今，在万级的规模场，如何充分发挥古籍验方的作用，本章进行了初步探讨。

## 第一节　鸡用中草药的制作

我国古代兽医对牛、马、羊使用中草药与人医相似，而禽（鸡）没有咀嚼能力，因此使用中草药必须要粉碎加工。自制鸡用中草药，需要做好以下几项工作：

### 一、中草药原材料的选择

自制有机柴鸡用中草药，原材料以中药植物含粗纤维的根、茎、皮等为佳。中草药由于受采收季节、生产地域的局限性等因素影响，药效也受到约束，因此，选择中草药原材料是一个重要环节。

中草药产地不同，功能效果不同，如黄连，我国很多地方都产，但以四川黄连为好，再如黄芪，以山西、内蒙古为好。因此，我们在选择中草药原材料时，应谨慎小心，可参考《中华人民共和国兽药典》。

购买中草药原材料，要注意含水量的高低，一般秋、冬季购买的原材料比较干燥，便于粉碎加工；春、夏季由于气温高、湿度较大，在购买原材料时，要购买含水量 12％～15％ 的，才能够保证粉碎加工的质量；如果购买含水量 15％ 以上的，必须经过晾晒后再粉碎加工，否则，粉碎后保存时易发霉变质。

目前，市场上也有一些中草药原材料的假冒产品、劣质产品，为了防止购入这些产品，可以在中药店提前购买好自己所需的中草药品种（每样 5～10 克）作为参照品，以便购买时加以鉴别，可确保购入符合质量标准的中草药原材料。

## 二、中草药原材料的运输和保管

大量采购中草药原材料要专车专用，防止与水、油，尤其是汽油、柴油和化工产品同装同运，以免造成感染或污染。在运输时不能露天运输，用厢式货车为好，并防止雨淋、暴晒、丢失。

## 三、中草药原材料的加工

**1. 加工机械的选择**　简单加工中草药原材料只需要粉碎机和搅拌机，粉碎机一般选择涡轮式而不是选择锤片式粉碎机，因为涡轮式粉碎机粉尘较少，损耗也小；锤片式粉碎机粉尘较大，损耗较多。

鸡用中草药的细度是关键，一般选择 40 目以上的罗，40 目以下中草药颗粒较大，不利于鸡的吸收。同一个加工机械同时加工多种中草药原材料，应该每味药加工后，清理干净机械内的粉碎药末，然后再加工其他品种，以防药品混合。

**2. 分类加工**　中草药原材料中叶状药材加工较快，但碎屑较多，因此，应在加工前对设备封闭情况进行检查，并检查缝隙塞堵情况，然后再加工。另外，根、茎切片后也易加工。籽实药材往往看起来容易加工，实际加工比较困难，一定要多次少添，不得一次多添，以便造成机械运转不灵。最难加工的是含糖分较高具有黏稠性的原材料，如茯苓、生地，容易将加工机械筛孔堵塞。为防止这些问题出现，可以将根、茎干燥的药品与具有黏稠性的原材料按比例混合，然后同时粉碎。

**3. 中草药原材料的混拌**　根据药材品种不同分别进行粉碎，然后进行混拌，可保证每种药材剂量准确，功效有保证。在混拌前，首先根据搅拌机的容量（克或千克）将每味粉碎好的中草药原材料按照合适的比例称量好，然后初混拌。混拌时，首先以体积大而轻的先投入搅拌机中，最后投入矿物质，如雄黄、生石膏等，这样能保障配制的中草药均匀度高、药效高。

### 四、中草药的包装与储存

**1. 中草药的包装**　对配制好的中草药，为保证质量，采用真空包装为好。分装配制好的中草药，以多少重量为一个包装，应根据鸡群大小进行选择。大鸡群选择大包装，小鸡群选择小包装。

**2. 中草药储存**　中草药要放置在干燥，不被太阳暴晒，相对湿度在 50％以下的室内储存，才能保障药品功效。另外，药品不宜用重物挤压，以防结块，给使用带来不便。每种药品在保管时要贴好标签，标签应注明品种、数量、制作日期。一般保存得当的中草药有效期能达 3 年。

# 第二节　中草药的使用

### 一、使用中草药防治鸡病的优势

1. 中草药通过调理鸡体五脏六腑、经络的阴阳平衡，使其产生抗病力，调节鸡体的新陈代谢，副作用小，有利防病。

2. 使用中草药可以防止鸡场疫病的发生或减少其发生。根据笔者老师张国增先生三十年来北京西宝三和养鸡场用中草药防病治病的经验，以中草药防病为主，治病为辅，该鸡场 5 年未发生任何传染病。

## 二、鸡用中草药的使用方法

鸡用中草药的功效与其使用方法有直接关系。《医学源流论·服药法论》指出："病之愈不愈，不但方必中药，方虽中药，而服之不得其法，则非特无功，而反有害，此不可不知也。"

根据用药目的，疫病性质和病变部位，以及制剂的功效等特点不同，大体分为经口投药和非经口给药两类方法。

### （一）经口投药法

**1. 饮服**　即将煎好的药液（药汁）放入水槽或饮水器中让鸡饮服，适用于现代规模化养鸡场。鸡味觉器官不发达，便于饮服。饮服前，应使鸡停水停食，根据气温确定时间。一般天气凉爽时可控制在 4 小时，气温超过 30℃则 2 小时。

**2. 拌料**　拌料也称混料，药效发挥作用快。鸡味觉不发达，不拒服药。散剂是鸡常用药之首选法。适用于现代规模化养鸡场。

**3. 灌服**　鸡舌有倒刺（钩），将丸、粒、片药塞进口中，使鸡抬头，便可灌服。此法只适用小鸡群，而不适用大群养鸡。

注意：用药与消毒不可同时进行，以防中毒或药效相抵。喂料前后也有讲究。一般，滋补药、驱消化道虫剂与泻下药宜空腹服用；健脾胃药、对胃肠内膜刺激性较大的药，宜拌料温服。

### （二）非经口投药法

**1. 注射**　多用连续注射器在鸡肌肉厚处的前胸和大腿注射。

**2. 滴鼻点眼**　多用于眼病、鼻炎或疫苗接种。

**3. 熏蒸**　此方法多用于消毒，净化空气，防瘟疫。

**4. 喷雾**　此方法多用于呼吸道疾病。如内服药与喷雾药配合，则药效发挥作用快。

**5. 洗浴**　此方法多用于驱除外寄生虫，如虱、疥螨等。

**6. 敷**　多用于外伤或疮、痘。

**7. 贴**　贴膏药多用于脓肿之处。

随着养鸡业的蓬勃发展，现已由家庭散养几只、十几只转变为集约化、机械化高密度养殖，服药方法多以饮服、拌料注射、滴鼻点眼、熏蒸、喷雾为主。

## 三、鸡用中草药剂量计算方法

笔者查阅大量文献发现，由于历史上养禽没有达到规模化，加之家禽品种多，生物学特性差异很大，因此，每个方剂适用群体大小不等，有的是按 50 只，多时几千只；有的是按体重每日拌料，或按饲料量的百分比投药；有的是按病鸡当时年龄；有的是按煎后药液量饮服，有的是粉碎后拌料投药；有的仅有方剂而不知每味药量，无法使用。综合所述，需要通过分析中草药剂量计算方法，来达到防治鸡病的目的。

### （一）大中鸡群按饲料量百分比计药量

现代养鸡大群批量多在一万只以上，中群批量多在千只以上。对于这样的群体，用我们所见的适用于几十只、几百只的方剂，必须要有方剂用药总量与其中每味药量比较合理的计算方法。笔者自 2010 年开始使用中草药防治鸡病，均采用按每日每群鸡采食总量计算每日应投入药量，再按一个疗程计算共需投入药量，以供读者参考。如"荆防败毒散"处方是荆芥 45 克，防风 30 克，羌活 25 克，独活 25 克，柴胡 30 克，前胡 25 克，枳壳 30 克，茯苓 45 克，桔梗 30 克，川芎 25 克，甘草 15 克，薄荷 15 克。此方由于无法得知该方剂适用于何种禽及疗程时间，因此，我们只有根据本场饲养的品种和批量计算用药总量和每味药量。鸡、鸭、鹅中无论是哪个品种，无论哪个年龄段，采食量是有规律的，按批量首先计算出日采食量（又称耗料量），就能因地因时因禽计算药量。比如我们饲养的是某种中型体重鸡，每日每只采食量为 125 克，3 000 只日采食是 125 克×3 000 只＝375 000 克；一般饲料量的 0.3% 可作为投药防病量，375 000×0.3%＝1 125 克（总药量）。已算出每日应投入药量，再计算每味药量。方法是将方剂中 12 味药每味累加，即 45 克＋30 克＋25 克＋25 克＋30 克＋25 克＋30 克＋45 克＋30 克＋25 克＋15

克＋15 克＝340 克。将总药量作为 100％，然后用每味药量除以方剂总药量，得出每味药量占总药量的百分比，即荆芥 13.2％、防风 8.8％、羌活 7.4％、独活 7.4％、柴胡 8.8％、前胡 7.4％、枳壳 8.8％、茯苓 13.2％、桔梗 8.8％、川芎 7.4％、甘草 4.4％、薄荷 4.4％。然后用每味药所占百分比乘以每日应投入药量，得出每味药每日用量（克）。如计算荆芥药量：1 125 克×13.2％＝148.5 克；以此类推，计算出其余 11 味药用量……如果 5 日为一个疗程，再将每味药量乘以五，即得一个疗程内每味药总量。

### （二）小鸡群实数计药量

我国开放之前因多数是几十只、几百只饲养鸡群，故中兽医多按 50 只、100 只的群体配制成方剂。对于这类方剂除按上述用百分比计算每味药量外，还可以采用实数计算的方法。

如胡元亮主要《中兽医学》中治疗鸡新城疫方剂：金银花、连翘、板蓝根、蒲公英、青黛、甘草各 120 克（100 只鸡一次用量）。如果是 200 或 300 只鸡，则按倍增每味药的药量即可。如果鸡数非整数则需计算出每只鸡一次每味药量，即 120 克÷100＝1.2 克，然后乘以鸡实际数量得出鸡群一次每味药用量。假设鸡群有 745 只鸡，则鸡群一次每味药用量为 1.2 克×745＝894 克，再乘以疗程次数即为一个疗程内鸡群每味药用量。假设疗程为 3 次，即 894 克×3＝2 682 克。故金银花等六味药用药量之和为 2 682 克×6＝16 092 克。

本方每只鸡每次六味药用量为 7.2 克，一般一只成鸡每日拌料用量为 3～4 克，而 7.2 克超量近一倍，因此，应是煎液饮服。

### （三）鸡个体用药量的确定

柴鸡的品种繁多，个体大小、重量差异大，因此，即便是同一品种同一日龄，用药单纯地按每只多少克来计算也缺乏科学性。

使用中草药防治鸡病，为达到满意的疗效就要确定每只或每群甚至每味中草药的药量，才能更合理、更科学地用药。

不同品种鸡由于受遗传因素影响，体重不一致。在用药时只能按群体平均个体重量计算方剂总量。到底每只鸡每日应用多少药量合适呢？根据笔者经验，应是体重的 1/20。

### （四）有药无量方剂使用探讨

　　我国古代农书中很多防治鸡病的方剂都是有药而无用量。如《农政全书·牧养》中"凡鸡染病，以真麻油灌之，皆立愈"。再如《幽风广义》中"鸡若有瘟疫病，用吴茱萸为末，以少许拌于饭上喂之。"诸如此类方剂很多。对这种方剂，现代规模鸡场使用时需先做小群试验，试验成功后再用。笔者查阅文献发现鸡用中草药以每千克体重 2 克为合理。其次拌料量与鸡体重成正比，一般按日粮中添加 3％～5％比较合理。

　　对于几味药，甚至十几味的复方没有用药量时该怎么办？如《三农纪校释》中"若遇疫，急用白矾、雄黄、甘草为末，拌饭饲之。"对此方剂，首先要依据病机、病症，根据药性确定君臣佐使，然后根据被治疗的鸡群饲料量的 3％计算用药总量，再确定每味药量。如某群成鸡每日每只饲料量 120 克，全群 500 只，即 120 克×500 只×0.03＝1 800 克（总药量）。若方剂中三味各占 1/3，则每味 600 克。

　　另一种情况是每味药占几份，如《鸡病中药防治·支气管炎》中"石膏粉 5 份，麻黄、杏仁、甘草、葶苈子各 1 份，鱼腥草 4 份，为末混饲"。对此方剂，首先应计算出群体用药总量，方剂共多少份，然后用药总量除以总份数，求出一份即可计算。仍以前例药量 1 800 克计算，则是 1 800 克÷13（份）＝138.5克，然后按份数相乘，即是各味药用量。

# 附 《GB/T 19630—2011 有机产品》 中与生产有机柴鸡相关的内容

## 1 植物生产

### 1.1 转换期

1.1.1 一年生植物的转换期至少为播种前的 24 个月，草场和多年生饲料作物的转换期至少为有机饲料收获前的 24 个月，饲料作物以外的其他多年生植物的转换期至少为收获前的 36 个月。转换期内应按照本标准的要求进行管理。

1.1.2 新开垦的、撂荒 36 个月以上的或有充分证据证明 36 个月以上未使用本标准禁用物质的地块，也应经过至少 12 个月的转换期。

1.1.3 可延长本标准禁用物质污染的地块的转换期。

1.1.4 处于转换期的地块，如果使用了有机生产中禁止使用的物质，应重新开始转换。当地块使用的禁用物质是当地政府机构为处理某种病害或虫害而强制使用时，可以缩短 1.1.1 规定的转换期，但应关注施用产品中禁用物质的降解情况，确保在转换期结束之前，土壤中或多年生作物体内的残留达到非显著水平，所收获产品不应作为有机产品或有机转换产品销售。

1.1.5 野生植物采集、食用菌栽培（土培和覆土栽培除外）、芽苗菜生产可以免除转换期。

### 1.2 平行生产

1.2.1 在同一个生产单元中可同时生产易于区分的有机和非有机植物，但该单元的有机和非有机生产部分（包括地块、生产设施和工具）应能够完全分开，并能够采取适当措施避免与非有机产品混杂和被禁用物质污染。

1.2.2 在同一生产单元内，一年生植物不应存在平行生产。

1.2.3 在同一生产单元内，多年生植物不应存在平行生产，除非同时满足以下条件：

a）生产者应制定有机转换计划，计划中应承诺在可能的最短时间内开始对同一单元中相关非有机生产区域实施转换，该时间最多不能超过 5 年；

b）采取适当的措施以保证从有机和非有机生产区域收获的产品能够得到严格分离。

## 1.3 产地环境要求

有机生产需要在适宜的环境条件下进行。有机生产基地应远离城区、工矿区、交通主干线、工业污染源、生活垃圾场等。

产地的环境质量应符合以下要求：

a）土壤环境质量符合 GB 15618 中的二级标准；

b）农田灌溉用水水质符合 GB 5084 的规定；

c）环境空气质量符合 GB 3095 中二级标准和 GB 9137 的规定。

## 1.4 缓冲带

应对有机生产区域受到邻近常规生产区域污染的风险进行分析。在存在风险的情况下，则应在有机和常规生产区域之间设置有效的缓冲带或物理屏障，以防止有机生产地块受到污染。缓冲带上种植的植物不能认证为有机产品。

## 1.5 种子和植物繁殖材料

1.5.1 应选择适应当地的土壤和气候条件、抗病虫的植物种类及品种。在品种的选择上应充分考虑保护植物的遗传多样性。

1.5.2 应选择有机种子或植物繁殖材料。当从市场上无法获得有机种子或植物繁殖材料时，可选用未经禁止使用物质处理过的常规种子或植物繁殖材料，并制订和实施获得有机种子和植物繁殖材料的计划。

1.5.3 应采取有机生产方式培育一年生植物的种苗。

1.5.4 不应使用经禁用物质和方法处理过的种子和植物繁殖材料。

## 1.6 栽培

1.6.1 一年生植物应进行 3 种以上作物轮作，一年种植多季水稻的地区可以采取两种作物轮作，冬季休耕的地区可不进行轮作。轮作植物包括但不限于种植豆科植物、绿肥、覆盖植物等。

1.6.2 宜通过间套作等方式增加生物多样性、提高土壤肥力、增强有机植物的抗病能力。

1.6.3 应根据当地情况制定合理的灌溉方式（如：滴灌、喷灌、渗灌等）。

## 1.7 土肥管理

1.7.1 应通过适当的耕作与栽培措施维持和提高土壤肥力，包括：

a）回收、再生和补充土壤有机质和养分来补充因植物收获而从土壤带走的有机质和土壤养分；

b）采用种植豆科植物、免耕或土地休闲等措施进行土壤肥力的恢复。

1.7.2 当 1.7.1 描述的措施无法满足植物生长需求时，可施用有机肥以维持和提高土壤的肥力、营养平衡和土壤生物活性，同时应避免过度施用有机肥，造成环境污染。应优先使用本单元或其他有机生产单元的有机肥。如外购肥料，应经认证机构许可后使用。

1.7.3 不应在叶菜类、块茎类和块根类植物上施用人粪尿；在其他植物上需要使用时，应当进行充分腐熟和无害化处理，并不得与植物食用部分接触。

1.7.4 可使用溶解性小的天然矿物肥料，但不得将此类肥料作为系统中营养循环的替代物。矿物肥料只能作为长效肥料并保持其天然组分，不应采用化学处理提高其溶解性。不应使用矿物氮肥。

1.7.5 可使用生物肥料；为使堆肥充分腐熟，可在堆制过程中添加来自于自然界的微生物，但不应使用转基因生物及其产品。

1.7.6 有机植物生产中允许使用的土壤培肥和改良物质见表 A.1。

## 1.8 病虫草害防治

1.8.1 病虫草害防治的基本原则应从农业生态系统出发，综合运用各种防治措施，创造不利于病虫草害孳生和有利于各类天敌繁衍的环境条件，保持农业生态系统的平衡和生物多样化，减少各类病虫草害所造成的损失。应优先采用农业措施，通过选用抗病抗虫品种、非化学药剂种子处理、培育壮苗、加强栽培管理、中耕除草、耕翻晒垡、清洁田园、轮作倒茬、间作套种等一系列措施起到防治病虫草害的作用。还应尽量利用灯光、色彩诱杀害虫，机械捕捉害虫，机械或人工除草等措施，防治病虫草害。

1.8.2 1.8.1 中提及的方法不能有效控制病虫草害时，可使用表 A.2 所列出的植物保护产品。

# 2 畜禽养殖

## 2.1 转换期

2.1.1 饲料生产基地的转换期应符合 1.1 的要求。如牧场和草场仅供非草食动物使用，则转换期可缩短为 12 个月，如有充分证据证明 12 个月以上未使用禁用物质，则转换期可缩短到 6 个月。

2.1.2 畜禽应经过以下的转换期：

a）肉用牛、马属动物、驼，12 个月；

b）肉用羊和猪，6 个月；

c）乳用畜，6 个月；

d）肉用家禽，10 周；

e）蛋用家禽，6 周；

f）其他种类的转换期长于其养殖期的 3/4。

## 2.2 平行生产

如果一个养殖场同时以有机及非有机方式养殖同一品种或难以区分的畜禽品种，则应满足下列条件，其有机养殖的畜禽或其产品才可以作为有机产品销售：

a）有机畜禽和非有机畜禽的圈栏、运动场地和牧场完全分开，或者有机畜禽和非有机畜禽是易于区分的品种；

b）贮存饲料的仓库或区域应分开并设置了明显的标记；

c）有机畜禽不能接触非有机饲料和禁用物质的贮藏区域。

## 2.3 畜禽的引入

2.3.1 应引入有机畜禽。当不能得到有机畜禽时，可引入常规畜禽，但应符合以下条件：

a）肉牛、马属动物、驼，不超过 6 月龄且已断乳；

b）猪、羊，不超过 6 周龄且已断乳；

c）乳用牛，不超过 4 周龄，接受过初乳喂养且主要是以全乳喂养的犊牛；

d）肉用鸡，不超过 2 日龄（其他禽类可放宽到 2 周龄）；

e）蛋用鸡，不超过 18 周龄。

2.3.2 可引入常规种母畜，牛、马、驼每年引入的数量不应超过同种成年有机母畜总量的 10%，猪、羊每年引入的数量不应超过同种成年有机母畜总量的 20%。以下情况，经认证机构许可该比例可放宽到 40%：

    a) 不可预见的严重自然灾害或人为事故；

    b) 养殖场规模大幅度扩大；

    c) 养殖场发展新的畜禽品种。

所有引入的常规畜禽都应经过相应的转换期。

2.3.3 可引入常规种公畜，引入后应立即按照有机方式饲养。

## 2.4 饲料

2.4.1 畜禽应以有机饲料饲养。饲料中至少应有 50% 来自本养殖场饲料生产基地或本地区有合作关系的有机农场。饲料生产和使用应符合植物生产和表 B.1 的要求。

2.4.2 在养殖场实行有机管理的前 12 个月内，本养殖场饲料种植基地按照本标准要求生产的饲料可以作为有机饲料饲喂本养殖场的畜禽，但不得作为有机饲料销售。

饲料生产基地、牧场及草场与周围常规生产区域应设置有效的缓冲带或物理屏障，避免受到污染。

2.4.3 当有机饲料短缺时，可饲喂常规饲料。但每种动物的常规饲料消耗量在全年消耗量中所占比例不得超过以下百分比：

    a) 草食动物（以干物质计）10%；

    b) 非草食动物（以干物质计）15%。

畜禽日粮中常规饲料的比例不得超过总量的 25%（以干物质计）。

出现不可预见的严重自然灾害或人为事故时，可在一定时间期限内饲喂超过以上比例的常规饲料。

饲喂常规饲料应事先获得认证机构的许可。

2.4.4 应保证草食动物每天都能得到满足其基础营养需要的粗饲料。在其日粮中，粗饲料、鲜草、青干草、或者青贮饲料所占的比例不能低于 60％（以干物质计）。对于泌乳期的前 3 个月的乳用畜，此比例可降低为 50％（以干物质计）。在杂食动物和家禽的日粮中应配以粗饲料、鲜草或青干草、或者青贮饲料。

2.4.5 初乳期幼畜应由母畜带养，并能吃到足量的初乳。可用同种类的有机奶喂养哺乳期幼畜。在无法获得有机奶的情况下，可以使用同种类的非有机奶。

不应早期断乳或用代乳品喂养幼畜。在紧急情况下可使用代乳品补饲，但其中不得含有抗生素、化学合成的添加剂（表 B.1 中允许使用的物质除外）或动物屠宰产品。哺乳期至少需要：

a）牛、马属动物、驼，3 个月；

b）山羊和绵羊，45 天；

c）猪，40 天。

2.4.6 在生产饲料、饲料配料、饲料添加剂时均不应使用转基因（基因工程）生物或其产品。

2.4.7 不应使用以下方法和物质：

a）以动物及其制品饲喂反刍动物，或给畜禽饲喂同种动物及其制品；

b）未经加工或经过加工的任何形式的动物粪便；

c）经化学溶剂提取的或添加了化学合成物质的饲料，但使用水、乙醇、动植物油、醋、二氧化碳、氮或羧酸提取的除外。

2.4.8 使用的饲料添加剂应在农业行政主管部门发布的饲料添加剂品种目录中，并批准销售的产品，同时应符合本部分的相关要求。

2.4.9 可使用氧化镁、绿砂等天然矿物质；不能满足畜禽营养需求时，可使用表 B.1 中列出的矿物质和微量元素。

2.4.10 添加的维生素应来自发芽的粮食、鱼肝油、酿酒用酵母或其他天然物质；不能满足畜禽营养需求时，可使用人工合成的维生素。

2.4.11 不应使用以下物质（表 B.1 中允许使用的物质

除外）：

　　a）化学合成的生长促进剂（包括用于促进生长的抗生素、抗寄生虫药和激素）；

　　b）化学合成的调味剂和香料；

　　c）防腐剂（作为加工助剂时例外）；

　　d）化学合成的着色剂；

　　e）非蛋白氮（如尿素）；

　　f）化学提纯氨基酸；

　　g）抗氧化剂；

　　h）黏合剂。

## 2.5 饲养条件

　　2.5.1 畜禽的饲养环境（如圈舍、围栏等）应满足下列条件，以适应畜禽的生理和行为需要：

　　a）符合附录 D 要求的畜禽活动空间和充足的睡眠时间；畜禽运动场地可以有部分遮蔽；水禽应能在溪流、水池、湖泊或池塘等水体中活动；

　　b）空气流通，自然光照充足，但应避免过度的太阳照射；

　　c）保持适当的温度和湿度，避免受风、雨、雪等侵袭；

　　d）如垫料可能被养殖动物啃食，则垫料应符合 2.4 对饲料的要求；

　　e）足够的饮水和饲料，畜禽饮用水水质应达到 GB 5749 的要求；

　　f）不使用对人或畜禽健康明显有害的建筑材料和设备；

　　g）避免畜禽遭到野兽的侵害。

　　2.5.2 饲养蛋禽可用人工照明来延长光照时间，但每天的总光照时间不得超过 16 小时。可根据蛋禽健康情况或所处生长期（如：新生禽取暖）等原因，适当增加光照时间。

　　2.5.3 应使所有畜禽在适当的季节能够到户外自由运动。但以下情况可例外：

a）特殊的畜禽舍结构使得畜禽暂时无法在户外运动，但应限期改进；

b）圈养比放牧更有利于土地资源的持续利用。

2.5.4 肉牛最后的育肥阶段可采取舍饲，但育肥阶段不应超过其养殖期的 1/5，且最长不超过 3 个月。

2.5.5 不应采取使畜禽无法接触土地的笼养和完全圈养、舍饲、拴养等限制畜禽自然行为的饲养方式。

2.5.6 群居性畜禽不应单栏饲养，但患病的畜禽、成年雄性家畜及妊娠后期的家畜例外。

2.5.7 不应强迫喂食。

## 2.6 疾病防治

2.6.1 疾病预防应依据以下原则进行：

a）根据地区特点选择适应性强、抗性强的品种；

b）提供优质饲料、适当的营养及合适的运动等饲养管理方法，增强畜禽的非特异性免疫力；

c）加强设施和环境卫生管理，并保持适宜的畜禽饲养密度。

2.6.2 可在畜禽饲养场所使用表 B.2 中所列的消毒剂。消毒处理时，应将畜禽迁出处理区。应定期清理畜禽粪便。

2.6.3 可采用植物源制剂、微量元素和中兽医、针灸、顺势治疗等疗法医治畜禽疾病。

2.6.4 可使用疫苗预防接种，不应使用基因工程疫苗（国家强制免疫的疫苗除外）。当养殖场有发生某种疾病的危险而又不能用其他方法控制时，可紧急预防接种（包括为了促使母源体抗体物质的产生而采取的接种）。

2.6.5 不应使用抗生素或化学合成的兽药对畜禽进行预防性治疗。

2.6.6 当采用多种预防措施仍无法控制畜禽疾病或伤痛时，可在兽医的指导下对患病畜禽使用常规兽药，但应经过该药物的休药期的 2 倍时间（如果 2 倍休药期不足 48 小时，则应达到 48

小时）之后，这些畜禽及其产品才能作为有机产品出售。

2.6.7 不应为了刺激畜禽生长而使用抗生素、化学合成的抗寄生虫药或其他生长促进剂。不应使用激素控制畜禽的生殖行为（如：诱导发情、同期发情、超数排卵等），但激素可在兽医监督下用于对个别动物进行疾病治疗。

2.6.8 除疫苗接种、驱除寄生虫治疗外，养殖期不足 12 个月的畜禽只可接受 1 个疗程的抗生素或化学合成的兽药治疗；养殖期超过 12 个月的，每 12 个月最多可接受 3 个疗程的抗生素或化学合成的兽药治疗。超过允许疗程的，应再经过规定的转换期。

2.6.9 对于接受过抗生素或化学合成的兽药治疗的畜禽，大型动物应逐个标记，家禽和小型动物则可按群批标记。

## 2.7 非治疗性手术

2.7.1 有机养殖强调尊重动物的个性特征。应尽量养殖不需要采取非治疗性手术的品种。在尽量减少畜禽痛苦的前提下，可对畜禽采用以下非治疗性手术，必要时可使用麻醉剂：

　　a) 物理阉割；

　　b) 断角；

　　c) 在仔猪出生后 24 小时内对犬齿进行钝化处理；

　　d) 羔羊断尾；

　　e) 剪羽；

　　f) 扣环。

2.7.2 不应进行以下非治疗性手术：

　　a) 断尾（除羔羊外）；

　　b) 断喙、断趾；

　　c) 烙翅；

　　d) 仔猪断牙；

　　e) 其他没有明确允许采取的非治疗性手术。

## 2.8 繁殖

2.8.1 宜采取自然繁殖方式。

2.8.2 可采用人工授精等不会对畜禽遗传多样性产生严重影响的各种繁殖方法。

2.8.3 不应使用胚胎移植、克隆等对畜禽的遗传多样性会产生严重影响的人工或辅助性繁殖技术。

2.8.4 除非为了治疗目的，不应使用生殖激素促进畜禽排卵和分娩。

2.8.5 如母畜在妊娠期的后 1/3 时段内接受了禁用物质处理，其后代应经过相应的转换期。

## 2.9 运输和屠宰

2.9.1 畜禽在装卸、运输、待宰和屠宰期间都应有清楚的标记，易于识别；其他畜禽产品在装卸、运输、出入库时也应有清楚的标记，易于识别。

2.9.2 畜禽在装卸、运输和待宰期间应有专人负责管理。

2.9.3 应提供适当的运输条件，如：

a）避免畜禽通过视觉、听觉和嗅觉接触到正在屠宰或已死亡的动物；

b）避免混合不同群体的畜禽；有机畜禽应避免与常规畜禽混杂，并有明显的标识；

c）提供缓解应激的休息时间；

d）确保运输方式和操作设备的质量和适合性；运输工具应清洁并适合所运输的畜禽，并且没有尖突的部位，以免伤害畜禽；

e）运输途中应避免畜禽饥渴，如有需要，应给畜禽喂食、喂水；

f）考虑并尽量满足畜禽的个别需要；

g）提供合适的温度和相对湿度；

h）装载和卸载时对畜禽的应激应最小。

2.9.4 运输和宰杀动物的操作应力求平和，并合乎动物福利原则。不应使用电棍及类似设备驱赶动物。不应在运输前和运输过程中对动物使用化学合成的镇静剂。

2.9.5 应在政府批准的或具有资质的屠宰场进行屠宰，且应确保良好的卫生条件。

2.9.6 应就近屠宰。除非从养殖场到屠宰场的距离太远，一般情况下运输畜禽的时间不超过 8 小时。

2.9.7 不应在畜禽失去知觉之前就进行捆绑、悬吊和屠宰，小型禽类和其他小型动物除外。用于使畜禽在屠宰前失去知觉的工具应随时处于良好的工作状态。如因宗教或文化原因不允许在屠宰前先使畜禽失去知觉，而应直接屠宰，则应在平和的环境下以尽可能短的时间进行。

2.9.8 有机畜禽和常规畜禽应分开屠宰，屠宰后的产品应分开贮藏并清楚标记。用于畜体标记的颜料应符合国家的食品卫生规定。

## 2.10 有害生物防治

有害生物防治应按照优先次序采用以下方法：

a）预防措施；

b）机械、物理和生物控制方法；

c）可在畜禽饲养场所，以对畜禽安全的方式使用国家批准使用的杀鼠剂和表 A.2 中的物质。

## 2.11 环境影响

2.11.1 应充分考虑饲料生产能力、畜禽健康和对环境的影响，保证饲养的畜禽数量不超过其养殖范围的最大载畜量。应采取措施，避免过度放牧对环境产生不利影响。

2.11.2 应保证畜禽粪便的贮存设施有足够的容量，并得到及时处理和合理利用，所有粪便储存、处理设施在设计、施工、操作时都应避免引起地下及地表水的污染。养殖场污染物的排放应符合 GB 18596 的规定。

# 附录 A

(规范性附录)

## 有机植物生产中允许使用的投入品

### 表 A.1 土壤培肥和改良物质

(有机认证中可以使用的肥料)

| 类别 | 名称和组分 | 使用条件 |
|---|---|---|
| Ⅰ.植物和动物来源 | 植物材料<br>(秸秆、绿肥等) | — |
| | 畜禽粪便及其堆肥<br>(包括圈肥) | 经过堆制并充分腐熟 |
| | 畜禽粪便和植物材料的<br>厌氧发酵产品(沼肥) | — |
| | 海草或海草产品 | 仅直接通过下列途径获得:物理<br>过程,包括脱水、冷冻和研磨;<br>用水或酸和(或)碱溶液提取;发酵 |
| | 木料、树皮、锯屑、刨花、<br>木灰、木炭及腐殖酸类物质 | 来自采伐后未经化学处理的木材,<br>地面覆盖或经过堆制 |
| | 动物来源的副产品<br>(血粉、肉粉、骨粉、蹄粉、<br>角粉、皮毛、羽毛和毛发粉、<br>鱼粉、牛奶及奶制品等) | 未添加禁用物质,<br>经过堆制或发酵处理 |
| | 蘑菇培养废料和蚯蚓培养基质 | 培养基的初始原料限于<br>本附录中的产品,经过堆制 |
| | 食品工业副产品 | 经过堆制或发酵处理 |
| | 草木灰 | 作为薪柴燃烧后的产品 |
| | 泥炭 | 不含合成添加剂。不应用于土壤<br>改良;只允许作为盆栽基质使用 |
| | 饼粕 | 不能使用经化学方法加工的 |

（续）

| 类别 | 名称和组分 | 使用条件 |
|---|---|---|
| Ⅱ. 矿物来源 | 磷矿石 | 天然来源，每千克五氧化二磷中镉含量小于等于 90 毫克 |
| | 钾矿粉 | 天然来源，未通过化学方法浓缩。氯含量少于 60％ |
| | 硼砂 | 天然来源，未经化学处理、未添加化学合成物质 |
| | 微量元素 | 天然来源，未经化学处理、未添加化学合成物质 |
| | 镁矿粉 | 天然来源，未经化学处理、未添加化学合成物质 |
| | 硫黄 | 天然来源，未经化学处理、未添加化学合成物质 |
| | 石灰石、石膏和白垩 | 天然来源，未经化学处理、未添加化学合成物质 |
| | 黏土（如：珍珠岩、蛭石等） | 天然来源，未经化学处理、未添加化学合成物质 |
| | 氯化钠 | 天然来源，未经化学处理、未添加化学合成物质 |
| | 石灰 | 仅用于茶园土壤 pH 调节 |
| | 窑灰 | 未经化学处理、未添加化学合成物质 |
| | 碳酸钙镁 | 天然来源，未经化学处理、未添加化学合成物质 |
| | 泻盐类 | 未经化学处理、未添加化学合成物质 |
| Ⅲ. 微生物来源 | 可生物降解的微生物加工副产品，如酿酒和蒸馏酒行业的加工副产品 | 未添加化学合成物质 |
| | 天然存在的微生物提取物 | 未添加化学合成物质 |

## 表 A.2　植物保护产品

（有机认证中可以使用的农药）

| 类别 | 名称和组分 | 使用条件 |
|---|---|---|
| Ⅰ.植物和动物来源 | 楝素（苦楝、印楝等提取物） | 杀虫剂 |
| | 天然除虫菊素（除虫菊科植物提取液） | 杀虫剂 |
| | 苦参碱及氧化苦参碱（苦参等提取物） | 杀虫剂 |
| | 鱼藤酮类（如：毛鱼藤） | 杀虫剂 |
| | 蛇床子素（蛇床子提取物） | 杀虫、杀菌剂 |
| | 小檗碱（黄连、黄柏等提取物） | 杀菌剂 |
| | 大黄素甲醚（大黄、虎杖等提取物） | 杀菌剂 |
| | 植物油（如：薄荷油、松树油、香菜油） | 杀虫剂、杀螨剂、杀真菌剂、发芽抑制剂 |
| | 寡聚糖（甲壳素） | 杀菌剂、植物生长调节剂 |
| | 天然诱集和杀线虫剂（如：万寿菊、孔雀草、芥子油） | 杀线虫剂 |
| | 天然酸（如：食醋、木醋和竹醋） | 杀菌剂 |
| | 菇类蛋白多糖（蘑菇提取物） | 杀菌剂 |
| | 水解蛋白质 | 引诱剂，只在批准使用的条件下，并与本附录的适当产品结合使用 |
| | 牛奶 | 杀菌剂 |
| | 蜂蜡 | 用于嫁接和修剪 |
| | 蜂胶 | 杀菌剂 |
| | 明胶 | 杀虫剂 |
| | 卵磷脂 | 杀真菌剂 |
| | 具有趋避作用的植物提取物（大蒜、薄荷、辣椒、花椒、薰衣草、柴胡、艾草的提取物） | 趋避剂 |
| | 昆虫天敌（如：赤眼蜂、瓢虫、草蛉等） | 控制虫害 |

（续）

| 类别 | 名称和组分 | 使用条件 |
|---|---|---|
| Ⅱ. 矿物<br>来源 | 铜盐（如：硫酸铜、氢氧化铜、<br>氯氧化铜、辛酸铜等） | 杀真菌剂，防止过量施用<br>而引起铜的污染 |
| | 石硫合剂 | 杀真菌剂、杀虫剂、杀螨剂 |
| | 波尔多液 | 杀真菌剂，每年每公顷铜的<br>最大使用量不超过 6 千克 |
| | 氢氧化钙（石灰水） | 杀真菌剂、杀虫剂 |
| | 硫黄 | 杀真菌剂、杀螨剂、趋避剂 |
| | 高锰酸钾 | 杀真菌剂、杀细菌剂；<br>仅用于果树和葡萄 |
| | 碳酸氢钾 | 杀真菌剂 |
| | 石蜡油 | 杀虫剂、杀螨剂 |
| | 轻矿物油 | 杀虫剂、杀真菌剂；仅用于果树、<br>葡萄和热带作物（如：香蕉） |
| | 氯化钙 | 用于治疗缺钙症 |
| | 硅藻土 | 杀虫剂 |
| | 黏土（如：斑脱土、<br>珍珠岩、蛭石、沸石等） | 杀虫剂 |
| | 硅酸盐（硅酸钠、石英） | 趋避剂 |
| | 硫酸铁（3 价铁离子） | 杀软体动物剂 |
| Ⅲ. 微生物<br>来源 | 真菌及真菌提取物<br>（如：白僵菌、轮枝菌、木霉菌等） | 杀虫、杀菌、除草剂 |
| | 细菌及细菌提取物<br>（如：苏云金芽孢杆菌、枯草芽<br>孢杆菌、蜡质芽孢杆菌、地衣芽孢杆<br>菌、荧光假单胞杆菌等） | 杀虫、杀菌剂、除草剂 |
| | 病毒及病毒提取物<br>（如：核型多角体病毒、<br>颗粒体病毒等） | 杀虫剂 |

（续）

| 类别 | 名称和组分 | 使用条件 |
|---|---|---|
| | 氢氧化钙 | 杀真菌剂 |
| | 二氧化碳 | 杀虫剂，用于贮存设施 |
| | 乙醇 | 杀菌剂 |
| | 海盐和盐水 | 杀菌剂，仅用于种子处理，尤其是稻谷种子 |
| | 明矾 | 杀菌剂 |
| Ⅳ. 其他 | 软皂（钾肥皂） | 杀虫剂 |
| | 乙烯 | 香蕉、猕猴桃、柿子催熟，菠萝调花，抑制马铃薯和洋葱萌发 |
| | 石英砂 | 杀真菌剂、杀螨剂、驱避剂 |
| | 昆虫性外激素 | 仅用于诱捕器和散发皿内 |
| | 磷酸氢二铵 | 引诱剂，只限用于诱捕器中使用 |
| Ⅴ. 诱捕器、屏障 | 物理措施（如：色彩诱器、机械诱捕器） | — |
| | 覆盖物（网） | — |

**表 A.3　清洁剂和消毒剂**

| 名　称 | 使用条件 |
|---|---|
| 醋酸（非合成的） | 设备清洁 |
| 醋 | 设备清洁 |
| 乙醇 | 消毒 |
| 异丙醇 | 消毒 |
| 过氧化氢 | 仅限食品级的过氧化氢，设备清洁剂 |
| 碳酸钠、碳酸氢钠 | 设备消毒 |
| 碳酸钾、碳酸氢钾 | 设备消毒 |
| 漂白剂 | 包括次氯酸钙、二氧化氯或次氯酸钠，可用于消毒和清洁食品接触面。直接接触植物产品的冲洗水中余氯含量应符合 GB 5749—2006 的要求 |

（续）

| 名 称 | 使用条件 |
|---|---|
| 过乙酸 | 设备消毒 |
| 臭氧 | 设备消毒 |
| 氢氧化钾 | 设备消毒 |
| 氢氧化钠 | 设备消毒 |
| 柠檬酸 | 设备清洁 |
| 肥皂 | 仅限可生物降解的。允许用于设备清洁 |
| 皂基杀藻剂/除雾剂 | 杀藻、消毒剂和杀菌剂，用于清洁灌溉系统，不含禁用物质 |
| 高锰酸钾 | 设备消毒 |

# 附录 B
## （规范性附录）
## 有机动物养殖中允许使用的物质

### 表 B.1 添加剂和用于动物营养的物质

| 序号 | 名称 | 说 明 | INS |
|---|---|---|---|
| 1 | 铁 | 硫酸亚铁、碳酸亚铁 | — |
| 2 | 碘 | 碘酸钙、六水碘酸钙、碘化钠、碘化钾 | — |
| 3 | 钴 | 硫酸钴、氯化钴 | — |
| 4 | 铜 | 五水硫酸铜、氧化铜（反刍动物） | — |
| 5 | 锰 | 碳酸锰、氧化锰、硫酸锰、氯化锰 | — |
| 6 | 锌 | 氧化锌、碳酸锌、硫酸锌 | — |
| 7 | 钼 | 钼酸钠 | — |
| 8 | 硒 | 亚硒酸钠 | — |
| 9 | 钠 | 氯化钠、硫酸钠 | — |
| 10 | 钙 | 碳酸钙（石粉、贝壳粉）、乳酸钙 | — |
| 11 | 磷 | 磷酸氢钙、磷酸二氢钙、磷酸三钙 | — |
| 12 | 镁 | 氧化镁、氯化镁、硫酸镁 | — |
| 13 | 硫 | 硫酸钠 | — |

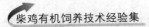
（续）

| 序号 | 名称 | 说　明 | INS |
|------|------|--------|-----|
| 14 | 维生素 | 来源于天然生长的饲料源的维生素。在饲喂单胃动物时可使用与天然维生素结构相同的合成维生素。若反刍动物无法获得天然来源的维生素，可使用与天然维生素一样的合成的维生素 A、维生素 D 和维生素 E | — |
| 15 | 微生物 | 畜牧技术用途，不是转基因/基因工程生物或产品 | — |
| 16 | 酵母 | 青贮饲料添加剂，不是转基因/基因工程生物或产品 | — |
| 17 | 酿酒酵母 | 用于动物营养 | — |
| 18 | 酶 | 青贮饲料添加剂和畜牧技术用途，不是转基因/基因工程生物或产品 | — |
| 19 | 山梨酸 | 防腐剂 | 200 |
| 20 | 甲酸 | 防腐剂和青贮饲料添加剂，只可在天气条件不能满足充分发酵的情况下使用 | 236 |
| 21 | 乙酸 | 防腐剂和青贮饲料添加剂，只可在天气条件不能满足充分发酵的情况下 | 260 |
| 22 | 乳酸 | 防腐剂和青贮饲料添加剂，只可在天气条件不能满足充分发酵的情况下使用 | 270 |
| 23 | 丙酸 | 防腐剂和青贮饲料添加剂，只允许在天气条件不能满足充分发酵的情况下使用 | 280 |
| 24 | 柠檬酸 | 防腐剂，只可在天气条件不能满足充分发酵的情况下使用 | 330 |
| 25 | 硬脂酸钙 | 天然来源，黏合剂和抗结块剂 | 470 |
| 26 | 二氧化硅 | 黏结剂和抗结块剂 | 551 b |
| 27 | 海盐 | 青贮饲料添加剂 | — |
| 28 | 粗石盐 | 青贮饲料添加剂 | — |
| 29 | 乳清 | 青贮饲料添加剂 | — |
| 30 | 糖 | 青贮饲料添加剂 | — |
| 31 | 甜菜渣 | 青贮饲料添加剂 | — |
| 32 | 谷物粉 | 青贮饲料添加剂 | — |

## 表 B.2 动物养殖允许使用的清洁剂和消毒剂

| 名称 | 使用条件 |
|------|----------|
| 钾皂和钠皂 | — |
| 水和蒸汽 | — |
| 石灰水（氢氧化钙溶液） | — |
| 石灰（氧化钙） | — |
| 生石灰（氢氧化钙） | — |
| 次氯酸钠 | 用于消毒设施和设备 |
| 次氯酸钙 | 用于消毒设施和设备 |
| 二氧化氯 | 用于消毒设施和设备 |
| 高锰酸钾 | 可使用 0.1% 高锰酸钾溶液，以免腐蚀性过强 |
| 氢氧化钠 | — |
| 氢氧化钾 | — |
| 过氧化氢 | 仅限食品级，用作外部消毒剂。可作为消毒剂添加到家畜的饮水中 |
| 植物源制剂 | — |
| 柠檬酸 | — |
| 过乙酸 | — |
| 蚁酸 | — |
| 乳酸 | — |
| 草酸 | — |
| 异丙醇 | — |
| 乙酸 | — |
| 酒精 | 供消毒和杀菌用 |
| 碘（如碘酒） | 作为清洁剂，应用热水冲洗；仅限非元素碘，体积百分含量不超过 5% |
| 硝酸 | 用于牛奶设备清洁，不应与有机管理的畜禽或者土地接触 |
| 磷酸 | 用于牛奶设备清洁，不应与有机管理的畜禽或者土地接触 |

（续）

| 名称 | 使用条件 |
|---|---|
| 甲醛 | 用于消毒设施和设备 |
| 用于乳头清洁和消毒的产品 | 符合相关国家标准 |
| 碳酸钠 | — |

# 附录 C
## （资料性附录）
### 评估有机生产中使用其他投入品的准则

在附录 A 和 B 涉及有机动植物生产、养殖的产品不能满足要求的情况下，可以根据本附录描述的评估准则对有机农业中使用除附录 A 和 B 以外的其他物质进行评估。

C.1 原则

C.1.1 土壤培肥和改良物质

C.1.1.1 该物质是为达到或保持土壤肥力或为满足特殊的营养要求，为特定的土壤改良和轮作措施所必需的，而本部分及附录 A 所描述的方法和物质所不能满足和替代。

C.1.1.2 该物质来自植物、动物、微生物或矿物，并可经过如下处理：

a) 物理（机械，热）处理；

b) 酶处理；

c) 微生物（堆肥，消化）处理。

C.1.1.3 经可靠的试验数据证明该物质的使用应不会导致或产生对环境的不能接受的影响或污染，包括对土壤生物的影响和污染。

C.1.1.4 该物质的使用不应对最终产品的质量和安全性产生不可接受的影响。

C.1.2 植物保护产品

C.1.2.1 该物质是防治有害生物或特殊病害所必需的，而且除此物质外没有其他生物的、物理的方法或植物育种替代方法和（或）有效管理技术可用于防治这类有害生物或特殊病害。

C.1.2.2 该物质（活性成分）源自植物、动物、微生物或矿物，并可经过以下处理：

a）物理处理；

b）酶处理；

c）微生物处理。

C.1.2.3 有可靠的试验结果证明该物质的使用应不会导致或产生对环境的不能接受的影响或污染。

C.1.2.4 如果某物质的天然形态数量不足，可以考虑使用与该天然物质性质相同的化学合成物质，如化学合成的外激素（性诱剂），但前提是其使用不会直接或间接造成环境或产品污染。

C.1.3 动物营养和饲料生产允许使用的投入品

C.1.3.1 该物质是满足动物特殊的营养要求，或为饲料加工所必需的，而本部分及表 B.1 所描述的方法和物质所不能满足和替代。

C.1.3.2 该物质（活性成分）源自植物、动物、微生物或矿物，并可经过以下处理：

a）物理处理；

b）酶处理；

c）微生物处理。

C.1.3.3 有可靠的试验结果证明该物质的使用应不会导致或产生对环境的不能接受的影响或污染。

C.1.4 畜禽养殖场所清洁、消毒、防治蜜蜂疾病和有害生物允许使用的投入品

C.1.4.1 该物质是防治养殖场所清洁、消毒、防治蜜蜂疾病或有害生物所必需的，而本部分及表 B2 或 3.3 所描述的方法和物质不能满足或替代。

C.1.4.2 该物质（活性成分）源自植物、动物、微生物或矿物，并可经过以下处理：

a）物理处理；

b）酶处理；

c）微生物处理。

C.1.4.3 有可靠的试验结果证明该物质的使用应不会导致或产生对环境的不能接受的影响或污染。

C.1.4.4 如果某物质的天然形态数量不足，可以考虑使用与该天然物质性质相同的化学合成物质，但前提是其使用不会直接或间接造成环境或产品污染。

C.2 评估程序

C.2.1 必要性

只有在必要的情况下才能使用某种投入品。投入某物质的必要性可从产量、产品质量、环境安全性、生态保护、景观、人类和动物的生存条件等方面进行评估。

某投入品的使用可限制于：

a）特种农作物（尤其是多年生农作物）；

b）特殊区域；

c）可使用该投入品的特殊条件。

C.2.2 投入品的性质和生产方法

C.2.2.1 投入品的性质

投入品的来源一般应来源于（按先后选用顺序）：

a）有机物（植物、动物、微生物）；

b）矿物。

可以使用等同于天然物质的化学合成物质。

在可能的情况下，应优先选择使用可再生的投入品。其次应选择矿物源的投入品，而第三选择是化学性质等同天然物质的投入品。在允许使用化学性质等同的投入品时需要考虑其在生态上、技术上或经济上的理由。

C.2.2.2 生产方法

投入品的配料可以经过以下处理：

a）机械处理；

b）物理处理；

　　c）酶处理；

　　d）微生物作用处理；

　　e）化学处理（作为例外并受限制）。

C.2.2.3 采集

　　构成投入品的原材料采集不得影响自然环境的稳定性，也不得影响采集区内任何物种的生存。

　　C.2.3 环境安全性

　　投入品不得危害环境或对环境产生持续的负面影响。投入品也不应造成对地表水、地下水、空气或土壤的不可接受的污染。应对这些物质的加工、使用和分解过程的所有阶段进行评价。

　　应考虑投入品的以下特性：

　　a）可降解性：

　　——所有投入品应可降解为二氧化碳、水和（或）其矿物形态；

　　——对非靶生物有高急性毒性的投入品的半衰期最多不能超过5天；

　　——对作为投入的无毒天然物质没有规定的降解时限要求。

　　b）对非靶生物的急性毒性：当投入品对非靶生物有较高急性毒性时，需要限制其使用。应采取措施保证这些非靶生物的生存。可规定最大允许使用量。如果无法采取可以保证非靶生物生存的措施，则不得使用该投入品。

　　c）长期慢性毒性：不得使用会在生物或生物系统中蓄积的投入品，也不得使用已经知道有或怀疑有诱变性或致癌性的投入品。如果投入这些物质会产生危险，应采取足以使这些危险降至可接受水平和防止长时间持续负面环境影响的措施。

　　d）化学合成物质和重金属：投入品中不应含有致害量的化学合成物质（异生化合制品）。仅在其性质完全与自然界的物质相同时，才可允许使用化学合成的物质。

　　应尽可能控制投入的矿物质中的重金属含量。由于缺乏代用品以及在有机农业中已经被长期、传统地使用，铜和铜盐目前尚被允许使用，但任何形态的铜都应视为临时性允许使用，并且就其环境影响而言，应限制使用量。

C.2.4 对人体健康和产品质量的影响

C.2.4.1 人体健康

投入品应对人体健康无害。应考虑投入品在加工、使用和降解过程中的所有阶段的情况，应采取降低投入品使用危险的措施，并制定投入品在有机农业中使用的标准。

C.2.4.2 产品质量

投入品对产品质量（如味道，保质期和外观质量等）不得有负面影响。

C.2.5 伦理方面——动物生存条件

投入品对农场饲养的动物的自然行为或机体功能不得有负面影响。

C.2.6 社会经济方面

消费者的感官：投入品不应造成有机产品的消费者对有机产品的抵触或反感。消费者可能会认为某投入品对环境或人体健康是不安全的，尽管这在科学上可能尚未得到证实。投入品的问题（例如基因工程问题）不应干扰人们对天然或有机产品的总体感觉或看法。

# 附录 D
（规范性附录）
## 畜禽养殖中不同种类动物的畜舍和活动空间

### 表 D.1　家畜养殖和活动空间要求
（有机家畜认证的家畜活动空间面积要求）

| 家畜种类 | 最小活体重 | 室内面积（米²/头） | 室外面积（米²/头） |
|---|---|---|---|
| | ≤100 千克 | 1～5 | 1.1 |
| 繁殖和育肥的 | ≤200 千克 | 2.5 | 1.9 |
| 牛科和马属动物 | ≤350 千克 | 4.0 | 3 |
| | ≥350 千克 | 5 | 3.7 |

（续）

| 家畜种类 | 最小活体重 | 室内面积（米²/头） | 室外面积（米²/头） |
|---|---|---|---|
| 奶牛 | — | 6 | 4.5 |
| 种公牛 | — | 10 | 30 |
| 绵羊和山羊 | — | 1.5（成年羊） | 2.5 |
| | — | 0.35（羊羔） | 0.5 |
| 泌乳母猪（带仔） | — | 7.5（成年母猪） | 2.5 |
| 育肥猪 | ≤50 千克 | 0.8 | 0.6 |
| | ≤85 千克 | 1.1 | 0.8 |
| | ≤110 千克 | 1.3 | 1 |
| 断奶仔猪 | ≥40 天或≤30 千克 | 0.6 | 0.4 |
| 种母猪 | | 2.5 | 1.9 |
| 种公猪 | | 6 | 8.0 |

### 表 D.2 家禽养殖和活动空间要求

（有机家禽认证的家禽活动空间面积要求）

| 家禽种类 | 室内面积（动物可使用的净面积） | | 室外面积（活动面积，米²/只） |
|---|---|---|---|
| | 动物数量（只/米²） | 窝 | |
| 蛋鸡 | 6 | 7 只/窝或 120 厘米²/只 | 4，每年粪肥产出量以氮计≤170 千克/公顷 |
| 育肥的家禽（固定禽舍） | 10（活重≤21 千克/米²） | — | 肉鸡和珍珠鸡 4 鸭 4.5 火鸡 10 鹅 15 对于以上所有家禽，每年粪肥产出量以氮计≤170 千克/公顷 |
| 育肥的家禽（移动禽舍） | 16（活重≤30 千克/米²） | — | 2.5，每年粪肥产出量以氮计≤170 千克/公顷 |

# 参 考 文 献

陈玉库，邢玉娟，陆桂平．2012．禽病中西医防治技术．北京：中国农业出版社．

崔治中．2009．兽医全攻略：鸡病．北京：中国农业出版社．

范开．2006．中兽医方剂辩证应用及解析．北京：化学工业出版社．

甘孟侯．2007．中国禽病学．第4版．北京：中国农业出版社．

高云航．2003．中兽医验方．长春：延边人民出版社．

胡元亮．2009．中兽医验方与妙用．北京：化学工业出版社．

李呈敏．1996．中药饲料添加剂．北京：中国农业大学出版社．

魏祥法，王月明．2012．柴鸡安全生产技术指南．北京：中国农业出版社．

许剑琴，张克家，范开．2001．中兽医方剂．北京：中国农业出版社．

姚娟．2003．畜禽病土方疗法．长春：延边人民出版社．

张国增．2012．中华宫廷黄鸡．第2版．北京：中国农业出版社．

张国增．2013．中兽医防治禽病．北京：中国农业出版社．

张泉鑫，朱印生，郁二生，等．1997．新编中兽医经．北京：中国农业出版社．

中国认证人员与培训机构国家认可委员会．2005．国家有机产品认证检查员培训教材．北京：中国计量出版社出版．

中国兽药典委员会．2000．中华人民共和国兽药典 二部．北京：化学工业出版社．

**图书在版编目（CIP）数据**

柴鸡有机饲养技术经验集 / 杨玉梅编著 . —北京：
中国农业出版社，2016.2
　（畜牧技术推广员推荐精品书系）
　ISBN 978-7-109-21419-4

　Ⅰ. ①柴… Ⅱ. ①杨… Ⅲ. ①鸡—饲养管理 Ⅳ.
①S831.4

中国版本图书馆 CIP 数据核字（2016）第 017950 号

**中国农业出版社出版**
（北京市朝阳区麦子店街 18 号楼）
（邮政编码 100125）
责任编辑　刘　玮

中国农业出版社印刷厂印刷　新华书店北京发行所发行
2016 年 3 月第 1 版　2016 年 3 月北京第 1 次印刷

开本：889mm×1194mm　1/32　印张：5.75
字数：160 千字
定价：18.00 元
（凡本版图书出现印刷、装订错误，请向出版社发行部调换）